GESP

编程能力等级认证一本通

C++ 一级

王桂平 张兵 王延平 **主编** 胡雕 吴跃进 卢文超 **副主编**

人民邮电出版社

北 京

图书在版编目（CIP）数据

GESP 编程能力等级认证一本通. C++. 一级 / 王桂平,
张兵, 王延平主编. -- 北京 : 人民邮电出版社, 2025.
ISBN 978-7-115-57566-1

Ⅰ. TP311.1-49

中国国家版本馆 CIP 数据核字第 2025G5U984 号

内 容 提 要

本书围绕中国计算机学会（CCF）发布的《CCF 编程能力等级认证 C++ & Python 认证标准》中的 C++部分而设计，主要介绍 C++编程和算法学习的相关内容。

本书对标 CCF 编程能力等级认证（GESP）C++ 一级，详细介绍了初识 C++编程、变量、输入语句、算术运算、浮点型数据和字符型数据、程序控制结构及顺序结构、分支结构、关系表达式和逻辑表达式、多分支和 switch 语句、循环结构及 for 循环、while 循环和 do-while 循环、程序控制结构的嵌套、break 和 continue 语句、程序控制结构综合应用、程序测试及调试等内容。

为帮助读者夯实编程基础，本书特设置案例、基础知识练习——大部分选自 GESP 历年真题。另外，本书还配有课件、视频等资源，读者购书后，可关注"傲梦少年"微信公众号进行领取。

本书可以作为中小学编程社团的教材，也可以作为少儿编程培训机构的培训教材，还可以作为少儿编程等级考试和编程竞赛的入门教材。

◆ 主　　编　王桂平　张　兵　王延平
　　副主编　胡　雕　吴跃进　卢文超
　　责任编辑　吴晋瑜
　　责任印制　王　郁　胡　南

◆ 人民邮电出版社出版发行　　北京市丰台区成寿寺路 11 号
　　邮编　100164　电子邮件　315@ptpress.com.cn
　　网址　https://www.ptpress.com.cn
　　涿州市京南印刷厂印刷

◆ 开本：787×1092　1/16
　　印张：13　　　　　　　　　2025 年 7 月第 1 版
　　字数：306 千字　　　　　　2025 年 7 月河北第 1 次印刷

定价：69.80 元

读者服务热线：**(010)81055256**　印装质量热线：**(010)81055316**
反盗版热线：**(010)81055315**

编委会

前　言

　　在数字化浪潮席卷全球的当下，编程已成为青少年迈向未来、拥抱科技的关键技能之一。我国对编程教育高度重视，早在 2017 年，国务院发布的《新一代人工智能发展规划》就明确提出，要在中小学阶段设置人工智能相关课程，逐步推广编程教育。2018 年，教育部在《教育信息化 2.0 行动计划》中进一步强调，要完善课程方案和课程标准，充实适应信息时代、智能时代发展需要的人工智能和编程等课程内容。这些政策的出台，为青少年编程教育指明了方向，奠定了坚实的基础。

　　在这样的背景下，中国计算机学会（CCF）发起了编程能力等级认证（GESP）项目，旨在为青少年计算机和编程学习者提供一个权威、公正的学业能力验证平台。GESP 覆盖中小学全学段，通过科学分级的考试体系，全面考查学生在编程知识、操作能力以及理论框架等方面的掌握程度。其中，C++ 作为一门广泛应用于系统软件、应用软件、游戏开发等多个领域的编程语言，既是编程教育的普及语言，也是信息学奥林匹克竞赛的指定语言。GESP C++ 认证共分为一至八级，每一级都设定了明确的知识目标。

　　本书正是为了满足广大青少年编程学习者的需求而精心编写。本书由"傲梦少年"联盟发起，编委会成员为各级教师进修学院教研员、大中小学资深教师，他们凭借丰富的教学经验和对编程教育的深刻理解，确保了本书内容的科学性、实用性和针对性。

　　本书紧密围绕 GESP C++ 一级的考试大纲，内容包括初识 C++ 编程、数据的存储——变量、数据的输入——输入语句、数据的运算——算术运算、浮点型数据和字符型数据、程序控制结构及顺序结构、分支结构——if 语句、关系表达式和逻辑表达式、多分支和 switch 语句、循环结构及 for 循环、while 循环和 do-while 循环、程序控制结构的嵌套、break 和 continue 语句、程序控制结构综合应用、程序测试及调试。此外，本书还包含 5 个附录。附录 A 以一道编程题的求解为例，详细讲解了用 Dev-C++ 编写、运行一个 C++ 程序的完整过程。附录 B 总结了 C 语言的输入输出函数，即 scanf 和 printf。附录 C 总结了 C++ 中运算符的优先级和结合性。附录 D 介绍了本书配套资源的使用方法。附录 E 给出了基础知识练习答案。

　　在内容编排上，我们注重循序渐进，从基础概念入手，逐步引导学生深入学习编程的思维方式和实践技巧。同时，书中配备了大量生动有趣的案例和练习，旨在帮助学生更好地理解和掌握所学知识，提高编程实践能力。

　　此外，本书充分考虑了国家编程教育政策的要求，致力于激发青少年对编程的兴趣，培养他们的逻辑思维和创新能力。通过学习本书，学生不仅能够为参加 GESP C++ 一级认证考试做好充分准备，还能在编程的道路上迈出坚实的一步，为未来的学习和发展打下稳固的基础。

我们相信,在国家政策的引领下,在社会各界的共同努力下,青少年编程教育将迎来更加美好的明天。希望本书能够成为广大青少年编程学习者的良师益友,助力他们在编程的世界里绽放光彩,开启通往未来科技的大门。

编者
2025 年 3 月

资源与支持

资源获取

本书提供如下资源：

- 本书源代码；
- 本书思维导图；
- 异步社区 7 天 VIP 会员。

要获得以上资源，读者可以扫描下方二维码，根据指引领取。

提交勘误

作者和编辑尽最大努力来确保书中内容的准确性，但难免会存在疏漏。欢迎读者将发现的问题反馈给我们，帮助我们提升图书的质量。

当读者发现错误时，请登录异步社区（https://www.epubit.com），按书名搜索，进入本书页面，单击"发表勘误"，输入勘误信息，单击"提交勘误"按钮即可（见下图）。本书的作者和编辑会对读者提交的勘误进行审核，确认并接受后，将赠予读者异步社区的 100 积分。积分可用于在异步社区兑换优惠券、样书或奖品。

与我们联系

我们的联系邮箱是 wujinyu@ptpress.com.cn。

如果读者对本书有任何疑问或建议，请发送邮件给我们，并请在邮件标题中注明本书书名，以便我们更高效地做出反馈。

如果读者有兴趣出版图书、录制教学视频，或者参与图书翻译、技术审校等工作，可以发邮件给我们。

如果读者所在的学校、培训机构或企业，想批量购买本书或异步社区出版的其他图书，也可以发邮件给我们。

如果读者在网上发现有针对异步社区出品图书的各种形式的盗版行为，包括对图书全部或部分内容的非授权传播，请将怀疑有侵权行为的链接发邮件给我们。这一举动是对作者权益的保护，也是我们持续为广大读者提供有价值的内容的动力之源。

关于异步社区和异步图书

"异步社区"（www.epubit.com）是由人民邮电出版社创办的 IT 专业图书社区，于 2015 年 8 月上线运营，致力于优质内容的出版和分享，为读者提供高品质的学习内容，为作译者提供专业的出版服务，实现作者与读者在线交流互动，以及传统出版与数字出版的融合发展。

"异步图书"是异步社区策划出版的精品 IT 图书的品牌，依托于人民邮电出版社在计算机图书领域多年来的发展与积淀。异步图书面向 IT 行业以及各行业使用 IT 技术的用户。

目　录

第 1 章　初识 C++ 编程

本章主要内容

● 认识并熟悉键盘，练习键盘指法。
● 掌握 C++ 程序的框架。
● 掌握用 C++ 程序输出信息及字符图形，解决简单的数学问题。
● 了解 C 和 C++ 语言的发展及版本变迁。

1.1　程序及编程语言

同学们，在我们学习、生活和工作中，程序无处不在。你们玩的遥控玩具，家里的智能锁、扫地机器人、洗衣机、电冰箱、空调等设备和家用电器，小区和学校的门禁系统，教室里的多媒体设备，日常使用的手机，学习和工作用的平板计算机、笔记本计算机、台式计算机等，里面都有程序，如图 1.1 所示。

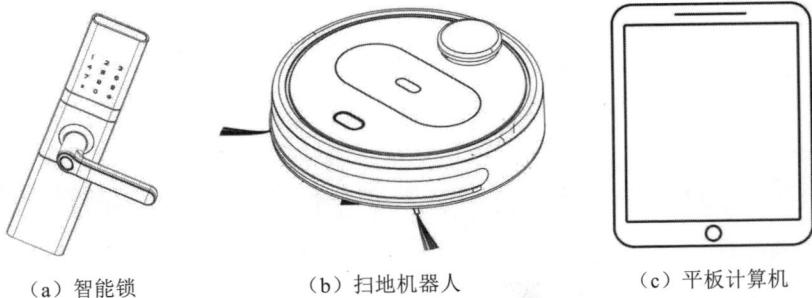

（a）智能锁　　　　　　（b）扫地机器人　　　　　　（c）平板计算机

图 1.1　广义上的"计算机"

上面提到的这些设备，广义上都可以称为"计算机"，因为它们都遵循冯·诺依曼（Von Neumann）架构。1944 年，美籍匈牙利数学家冯·诺依曼提出了计算机基本结构和工作方式的设想，为计算机的诞生和发展提供了理论基础。时至今日，尽管计算机软硬件技术飞速发展，但计算机本身的体系结构并没有明显的突破，当今的计算机仍属于冯·诺依曼架构。

冯·诺依曼架构的理论要点如下。

（1）计算机硬件设备由存储器、运算器、控制器、输入设备和输出设备 5 个部分组成。

（2）存储程序思想——把计算过程描述为由许多命令按一定顺序组成的程序，然后把程序和数据一起输入计算机，计算机对已存入的程序和数据处理后，输出结果。

自 1946 年世界上第一台通用电子计算机 ENIAC 问世以来，计算机科学家已经设计出超过 1000 种编程语言，俗称"计算机语言"。总的来说，计算机语言可以分为**机器语言**、**汇编语言**和**高级语言**。计算机做的每一个动作，执行每一个步骤，都是按照用计算机语言编写好的程序来进行的。程序是计算机要执行的指令的集合。程序是用计算机语言编写出来的。

本书介绍的 C++ 语言是由 C 语言发展起来的。C 语言是 20 世纪 70 年代初由美国贝尔实验室设计的，C++ 语言是 20 世纪 80 年代初由 C 语言扩展升级而产生的。C 语言和 C++ 语言都是高级语言。与图形化编程不同的是，C 语言和 C++ 语言编程都是代码式编程，每一行程序都是用键盘编写的，所以接下来我们要先认识键盘。

1.2　认识键盘

飞速且正确地敲键盘，是不是很酷？同学们，你们只要勤加练习，也可以做到！

同学们，观察你的计算机，看看键盘上有哪些按键。下面我们认识一下键盘，常见的笔记本计算机键盘如图 1.2 所示。键盘上主要有以下几类按键。

（1）26 个字母。注意，由于大写字母更容易区分，因此键盘按键上的字母均为大写形式。联想一下，汽车车牌号中的字母，是不是也是大写？但是，奇怪的是，键盘上的字母按键不是按字母顺序排列的，为什么这样设计呢？

（2）数字按键：1、2、3、4、5、6、7、8、9、0。

（3）标点符号、括号等符号：、、?、!、.、(、)、[、]、{、}、<、> 等。

（4）方向键：↑、→、↓、←。

（5）控制键：Ctrl、Shift、Alt 等。

图 1.2　常见的笔记本计算机键盘

1.3　键盘上的字母为什么不按顺序排列

打字机在计算机问世前就有了。早期的打字机如图 1.3（a）所示，键盘完全按照英文字母表顺序排列，这样人们就能轻松记住字母的位置，打字速度非常快。要知道世界上没有那么多的完美，在打字速度快的同时，问题也来了，当时的机械工艺不成熟，打字速度稍微快些，相邻两个字母的长杆和字锤就会卡在一起，发生"卡键"的故障。

机械工艺的改进，不是一两年甚至不是 10 年、20 年能做到的。当时的人们没有办法通过改进机械工艺来解决"卡键"的问题，而是想办法让人们降低打字速度。

于是，"打字机之父"肖尔斯（Sholes）故意把字母顺序打乱，把常见相邻字母，比如 S 和 T，在键盘上拉开较远的距离，并且把常使用的字母放在不灵活的手指下面，强迫打字员降低速度。

这些"反效率"的设计，最终形成了"QWERTY"的键盘布局，如图 1.3（b）所示。

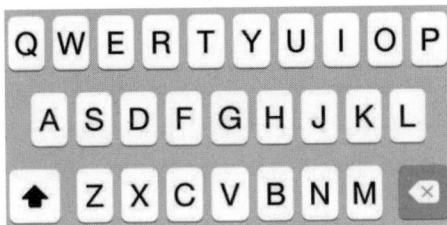

　　　　（a）打字机　　　　　　　　　　　　（b）现在的键盘

图 1.3　打字机和键盘

1.4　如何练习打字

首先，对初学者，在刚开始使用键盘时就应该练习正确的指法，杜绝"一指禅"和"二指禅"。

左手食指放在 F 键上、右手食指放在 J 键上，如图 1.4 所示。键盘上 F、J 这两个按键上一般有凸点，就是为了提醒用户始终把手指放在正确的位置。

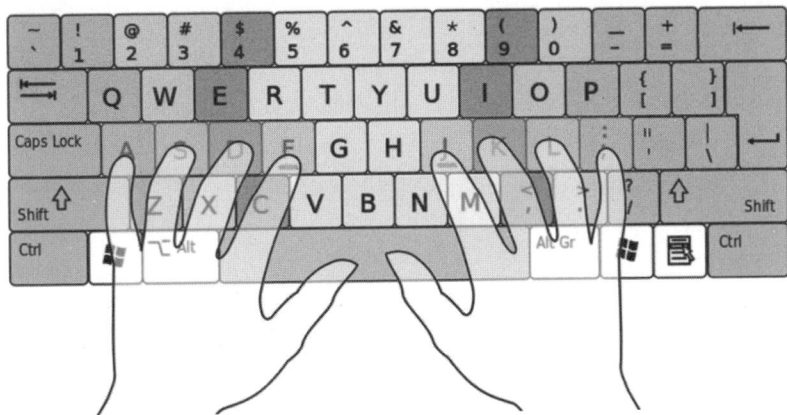

图 1.4　打字时，手指应该放在正确的位置

左手和右手的大拇指较短，负责按空格键。左手的小指、无名指、中指和食指，右手

的食指、中指、无名指和小指各司其职，负责一列、两列或更多列按键，如图 1.5 所示。

图 1.5　键盘指法

同学们平时可以通过以下方式来练习打字。

（1）在计算机上安装一些软件，如金山打字通，这些软件除了可以练习打字，通常附带了一些游戏（《生死时速》《鼠的故事》《拯救苹果》《太空大战》《急流勇退》等），可以让用户练习使用键盘并测试。

（2）在一些网站在线打字练习和测试，如 https://dazidazi.com/。

此外，做编程题，也可以练习打字。接下来，我们就来做几道编程题吧！

1.5　程序的编写、编译和运行

计算机程序需要用编辑器来编写，编辑器通常和其他相关工具软件（如编译器、连接器）构成比较大的软件，一般称为集成开发环境（Intergrated Development Environment，IDE）。本书推荐采用 Dev-C++ 来编写 C++ 程序。关于 Dev-C++ 这个软件的使用，详见本书附录 A。

一个 C++ 程序从编写到最后得到正确的运行结果，要经历以下几个主要的步骤。这些步骤都可以在 Dev-C++ 中完成。

（1）在编辑器中用 C++ 语言编写程序。用编程语言编写的程序称为"源程序"。源程序编写完后要保存为源程序文件。计算机里的文件名是由**文件主名**和**扩展名**组成的。C++ 的源程序文件的扩展名是 .cpp。例如，code.cpp，code 是文件主名，.cpp 是扩展名。

（2）对源程序进行编译和连接。用称为"编译器"和"连接器"的软件，把源程序翻译并生成可以直接运行的可执行文件，这种文件的扩展名通常是 .exe。编译的作用是对源程序进行语法检查，如果有语法错误，还会列出所有的编译出错信息。一个程序如果有语法错误，将无法运行。

（3）运行程序。运行最终形成的可执行文件，得到运行结果。

（4）分析运行结果。一个程序编写完毕，能够运行了，不一定就大功告成了。通常还要根据程序的运行结果判断程序是否正确。如果运行结果不正确，则还要对程序进行分析和改正等。

1.6 案例 1：Hello World!

学习一门编程语言，往往从编写 Hello World! 这个案例程序开始。这个习惯是从布莱恩·克尼汉（Brian Kernighan）和丹尼斯·里奇（Dennis Ritchie）合著的《C 语言程序设计》（*The C Programme Language*）一书中正式采用这个案例程序而广泛流行的。

【题目描述】

编写 C++ 程序，往屏幕上输出一行信息：Hello world!。

【题目分析】

以下是实现题目要求的完整的 C++ 程序：

```cpp
#include <iostream>                      //包含iostream头文件
using namespace std;                     //使用std命名空间
int main( )                              //主函数
{
    cout <<"Hello world!" <<endl;        //向屏幕上输出一行字符（用英语打招呼）
    return 0;                            //程序正常退出
}
```

一个完整的 C++ 程序至少要包含以下两个部分，这两个部分就构成了 C++ 程序的框架。

（1）头文件包含和命名空间。示例如下：

```cpp
#include <iostream>
```

其中，"#include" 是 C++ 语言的预处理命令，表示要把另一个程序文件中的内容包含到本程序中，iostream 是被包含程序文件的文件名。iostream 中定义了一些与输入输出相关的、现成的"工具"。cout 就是 iostream 中定义好的、用于输出的"工具"，能往屏幕上输出一串字符（或其他数据）。在 main 函数中使用了 cout，所以要把头文件 iostream 包含进来，否则程序在编译时会给出编译错误，提示 'cout' 没有定义。

又如以下的代码：

```cpp
using namespace std;
```

这行代码是指使用命名空间 std。std 里面定义了一些标识符（变量名就是标识符的一种），如 cout。using 和 namespace 都是 C++ 语言的关键字。关键字详见 7.12 节。

有些编译器可以使用万能头文件。注意，使用万能头文件就不用再包含其他头文件了。示例如下：

```cpp
#include <bits/stdc++.h>        //万能头文件
using namespace std;            //使用万能头文件必须使用标准命名空间std
```

对初学者，我们认为还是应该知道要包含哪些头文件。常用的头文件其实不多。所以，本书暂时不用万能头文件。

（2）主函数。示例代码如下：

```
int main( )
{
    …
}
```

其中，main 函数是程序中的主函数。每个 C++ 程序都必须包含 main 函数，而且只能有一个 main 函数，但可以有多个其他函数。

C++ 程序的最小独立单位是**语句**，上述程序中 main 函数内每一行就是一条语句。程序运行时，总是从 main 函数的第一条语句开始执行，一直执行完 main 函数中的最后一条语句，或者执行到 main 函数中的 return 语句，整个程序才执行完毕。最后一行代码往往是 return 0，表示程序执行完毕、没有出错、正常退出。return 是"返回"的意思。

在 C++ 语言中，**分号是语句的标志**。例如，main 函数中有一条语句：

```
cout <<"Hello world!" <<endl;        //向屏幕上输出一行字符（用英语打招呼）
```

这条语句的作用是在屏幕上输出一串字符"Hello world!"。endl 的作用是换行，endl 是 end of line（一行结束）的缩写。其中，"// 向屏幕上输出一行字符（用英语打招呼）"是程序中的**注释**，用来对程序做注解。

C++ 规定，一行中如果出现"//"，则从它开始到本行末尾之间的全部内容都作为注释。这种注释称为**行注释**。注释内容对程序的运行不起作用，主要用来对代码注解。

C 语言只支持**块注释**（也称为**多行注释**），块注释以"/*"开头，以"*/"结尾，注释内容可以包含多行。因为 C++ 语言兼容 C 语言，所以 C++ 也支持块注释。

1.7　案例 2：输出大小写字母、计算数学式子

【题目描述】

输出 3 行，第一行是 26 个大写字母，第 2 行是 26 个小写字母，第 3 行是 12345 + 67890 的运算结果。

【题目分析】

本题要通过 C++ 语言中的 cout 语句实现输出内容。如果希望原样输出，那么输出内容需要用双引号括起来，而且必须是英文双引号；如果是希望输出一个数学式子的计算结果，要把数学式子放在 cout 语句中，而且不能用双引号括起来。代码如下：

```
#include <iostream>
using namespace std;
int main( )
{
    cout <<"ABCDEFGHIJKLMNOPQRSTUVWXYZ" <<endl;
    cout <<"abcdefghijklmnopqrstuvwxyz" <<endl;
    cout <<12345+67890 <<endl;
```

```
    return 0;
}
```

【知识点】 cout **语句**

cout 是 C++ 的输出语句。它的作用就是往显示器上输出一些内容，如图 1.6 所示。

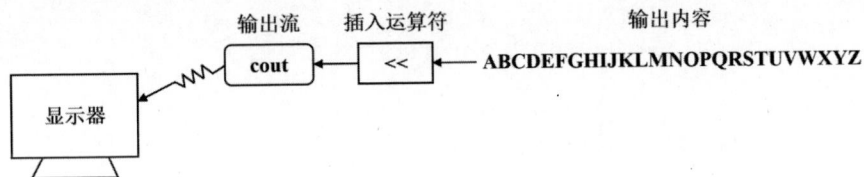

图 1.6　C++ 的 cout 语句

cout 语句的一般格式如下（<< 是**插入运算符**）：

```
cout <<输出项1 <<输出项2 <<... <<输出项n;
```

执行上述代码，如果输出项是表达式，如"12345 + 67890"，则计算表达式的值并输出；如果输出项是用双引号括起来的，则输出双引号内的内容，双引号不输出，双引号及其中的内容称为字符串。注意，双引号必须用英文双引号。

1.8　案例 3：输出由加号组成的菱形

【题目描述】

用 cout 语句输出以下字符图形。

```
   +
  +++
 +++++
++++++
 +++++
  +++
   +
```

【题目分析】

以上字符图形，每一行都是通过 cout 语句输出的。注意，有些行前面有空格，多一个空格、少一个空格都可能导致程序不能通过评测。代码如下：

```cpp
#include <iostream>
using namespace std;
int main( )
{
    cout <<"   +" <<endl;
    cout <<"  +++" <<endl;
```

```
        cout <<" +++++" <<endl;
        cout <<"+++++++" <<endl;
        cout <<" +++++" <<endl;
        cout <<"  +++" <<endl;
        cout <<"    +" <<endl;
    return 0;
}
```

1.9　练习 1：求两门课程成绩总分（1）

【题目描述】

已知小 A 同学期末考试语文考了 96 分，数学考了 92 分，求他的总分并输出。

注意，要求在程序里计算并输出，不能手动计算或口算出结果然后在程序里输出。

【题目分析】

在数学上，求两个数的和，要用加法，例如 96 + 92，我们把这个式子放到 C++ 语言的 cout 语句中，能计算出结果并输出，而这正是本题想要达到的效果。代码如下：

```
#include <iostream>
using namespace std;
int main( )
{
    cout <<96+92 <<endl;　//这里不能加双引号
    return 0;
}
```

1.10　练习 2：还剩多少钱（1）

【题目描述】

妈妈给小 A 同学 100 元钱，小 A 同学买了 10 支铅笔，每支铅笔 2 元钱，请问还剩多少元钱？

【题目分析】

这是一道数学题，求解答案的式子是 $100 - 2 \times 10$，注意，数学上的乘号 "×" 在 C++ 语言中只能用星号表示。我们不需要手动计算，直接把这个式子放在 cout 语句中，cout 语句会计算这个式子的结果并输出。代码如下：

```
#include <iostream>
using namespace std;
int main( )
```

```
{
    cout <<100-2*10 <<endl;   //这里不能加双引号
    return 0;
}
```

1.11　练习 3：输出星号长方形

【题目描述】

用 C++ 的 cout 语句输出以下星号长方形，有 5 行，每行有 10 个星号。

```
**********
**********
**********
**********
**********
```

【题目分析】

用 cout 语句输出 5 行星号即可，每行有 10 个星号。代码如下：

```
#include <iostream>
using namespace std;
int main( )
{
    cout <<"**********" <<endl;
    cout <<"**********" <<endl;
    cout <<"**********" <<endl;
    cout <<"**********" <<endl;
    cout <<"**********" <<endl;
    return 0;
}
```

1.12　C 和 C++ 语言的发展及版本变迁

图 1.7 所示为 C 和 C++ 语言发展的时间线。C 语言之所以命名为 C，是因为 C 语言源自肯·汤普森（Ken Thompson）发明的 B 语言，而 B 语言则源自 BCPL（Basic Combined Programming Language，基本组合编程语言）。

一门编程语言不是一成不变的，而是在不断发展的，它会借鉴其他编程语言的一些优良特性。一门编程语言发展到一定阶段，就需要稳定下来，形成一个稳定的版本，这就需要进行标准化。就像一家手机设计和制造公司，它的手机产品也在不断升级，对一款手机改进性能、增加功能后，就会形成一个新的手机型号。

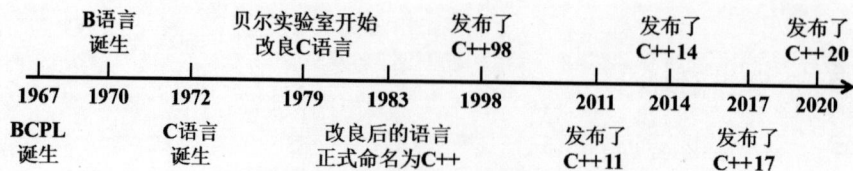

图 1.7　C/C++ 语言发展的时间线

C++ 语言的标准化工作由标准化组织 ISO/IEC 负责，每个版本都有一个对应的国际标准。以下是 C++ 语言的几个重要版本及其变迁。

- C++98（也称为 C++03）：该版本于 1998 年发布，是第一个国际标准化的 C++ 版本。它包括 C++ 语言的基本特性和标准库。C++98 有时也简写为 C98，其他版本类似。
- C++11：该版本于 2011 年发布，引入了许多新特性，如自动类型推导、Lambda 表达式、智能指针等。这些特性提供了更便捷和安全的编程方式。
- C++14：该版本于 2014 年发布，对 C11 进行了一些细微的改进，包括更强大的类型推导、二进制字面量等。
- C++17：该版本于 2017 年发布，引入了许多新特性，如结构化绑定、折叠表达式、并行算法等。它还对语言和标准库进行了一些改进和扩展。
- C++20：该版本于 2020 年发布，引入了许多新特性，如概念、协程、范围 for 循环等。它进一步扩展了 C++ 语言的功能和灵活性。

除了以上几个版本，C++ 还在不断发展和演进。每个新版本都会对 C++ 语言进行改进和扩展，以满足不断变化的编程需求。

此外，万能头文件 <bits/stdc++.h> 是一个非标准的头文件包含方式，它是由一些编译器提供的，并不属于 C++ 标准库规范。这种写法的目的是简化头文件的包含，以方便地引入常用的标准库头文件，它依赖于特定的编译器和环境配置。

1.13　基础知识练习（GESP 真题）

【选择题】

1. 以下奖项与计算机领域最相关的是（　　　）。

　　A. 奥斯卡奖　　　　B. 图灵奖　　　　　C. 诺贝尔奖　　　　　D. 普利策奖

2. 提出"存储程序"的计算机工作原理的是（　　　）。

　　A. 冯·诺依曼　　　B. 克劳德·香农　　C. 戈登·摩尔　　　　D. 查尔斯·巴比奇

3. 以下不属于操作系统的是（　　　）。

　　A. Windows　　　　B. photoshop　　　C. Linux　　　　　　D. macOS

4. 人们在使用计算机时所提到的 Windows 通常指的是（　　　）。

　　A. 操作系统　　　　B. 多人游戏　　　　C. 上市公司　　　　　D. 家居用具

5. 计算机领域的图灵奖为了纪念（　　　）科学家图灵。

　　A. 英国　　　　　　B. 德国　　　　　　C. 瑞典　　　　　　　D. 法国

6. 以下不属于计算机输出设备的有（　　　）。

A. 麦克风　　　　B. 音箱　　　　C. 打印机　　　　D. 显示器

7. 现代计算机是指电子计算机，它所基于的是（　　）体系结构。

A. 阿兰·图灵　　B. 冯·诺依曼　　C. 阿塔纳索夫　　D. 埃克特 - 莫克利

8. 在 Dev-C++ 中对一个写好的 C++ 源文件要生成一个可执行程序需要执行下面哪个处理步骤？（　　）

A. 创建　　　　B. 编辑　　　　C. 编译　　　　D. 调试

9. 小杨的父母最近刚刚给他买了一块华为手表，他说手表上跑的是鸿蒙，这个鸿蒙是（　　）。

A. 小程序　　　　B. 计时器　　　　C. 操作系统　　　　D. 神话人物

10. ENIAC 于 1946 年投入运行，是世界上第一台真正意义上的计算机，它的主要部件都是（　　）组成的。

A. 感应线圈　　B. 电子管　　　　C. 晶体管　　　　D. 集成电路

11. 下列软件中是操作系统的是（　　）。

A. 高德地图　　B. 腾讯会议　　　C. 纯血鸿蒙　　　D. 金山永中

12. 在某集成开发环境中编辑一个源代码文件时不可以执行下面的（　　）操作。

A. 修改变量定义　　　　　　　B. 保存代码修改
C. 撤销代码修改　　　　　　　D. 插入执行截图

【判断题】

1. 第一台现代电子计算机是 ENIGMA。（　　）
2. C++ 程序中必须有 main 函数。（　　）
3. 操作系统是让用户可以操纵计算机完成各种功能的软件。（　　）
4. 要执行 Windows 的桌面上的某个程序，通常需至少连续单击程序图标 3 次。（　　）
5. 注释是对于 C++ 程序员非常有用，但会被 C++ 编译器忽略。（　　）
6. 在 Windows 系统中通过键盘完成对选定文本移动的按键组合是先 Ctrl+X，移动到目标位置后按 Ctrl+V。（　　）
7. 在 C++ 语言中，注释不宜写得过多，否则会使得程序运行速度变慢。（　　）
8. 计算机硬件主要包括运算器、控制器、存储器、输入设备和输出设备。（　　）
9. 诞生于 1958 年的 103 机是中国第一台通用数字电子计算机，比 1946 年在美国诞生的第一台通用电子计算机 ENIAC 晚了十多年。（　　）
10. 神威·太湖之光超级计算机是中国自主研制的超级计算机，在全球超级计算机 TOP500 排行榜中多次荣膺榜首。（　　）
11. C++ 是一种高级程序设计语言。（　　）
12. 小杨最近在准备考 GESP，他用的 Dev-C++ 来练习和运行程序，所以 Dev-C++ 也是一个小型操作系统。（　　）
13. 在 Windows 的资源管理器中为已有文件 A 创建副本的操作是按快捷键 Ctrl+C，然后按快捷键 Ctrl+V。（　　）
14. C++、Python 都是高级编程语言，它们的每条语句最终都要通过机器指令来完成。（　　）

第 2 章　数据的存储——变量

本章主要内容

- 介绍计算机中的 3 个重要部件——CPU、硬盘和内存。
- 引入程序设计中一个非常重要的概念——变量。变量是用来表示和存储数据的"量"，常见的数据有整数等。
- 介绍数据的两种形式——常量和变量，以及数据的类型。
- 介绍变量的定义、赋值，标识符含义及命名规则。

2.1　计算机里的重要部件——CPU、硬盘和内存

计算机里有几个重要部件——CPU、硬盘和内存，如图 2.1 所示。

（1）CPU（中央处理器）：执行运算。计算机的所有功能最终都会转换为算术运算或逻辑运算，这些运算都是在 CPU 内执行的。

（2）硬盘：以文件的形式永久存储数据。用 C++ 语言编写的源程序以文件的形式保存到硬盘上，C++ 程序编译后得到的可执行文件也是存储在硬盘上的。例如，在 Dev-C++ 中，编写好的源程序文件如果命名为 code.cpp，编译后生成的可执行文件为 code.exe。

（3）内存：存储数据。执行一个 C++ 程序时，可执行文件中的机器指令要加载到内存中，程序中的数据也是存储在内存中的。由于内存的存取速度快，CPU 是从内存中读取指令和数据再执行。注意，内存中存储的数据在计算机关机后就不存在了。

（a）CPU　　　　　　（b）硬盘　　　　　　（c）内存

图 2.1　CPU、硬盘和内存

2.2　变量的由来——变量就是用来存储数据的

同学们，观察你们身边的超市，哪怕是很小的超市，现在基本都用上了收银系统。顾

客来购物，收银员会用扫描枪扫每一件商品的条形码，如图 2.2 所示，收银系统会统计顾客购买商品的数量、总金额等，还会更新系统里每件商品的剩余数量。

图 2.2 条形码

如果没有收银系统，超市老板就需要手动记录和更新每件商品的数量了。假设你是一个小超市的老板，每天都要为超市手动记账，就像下面这样：

```
红笔还剩12支
黑色签字笔还剩29支
16K作业本还剩21本
32K作业本还剩45本
散装大米还剩175.5斤
散装小米还剩68.8斤
```

时间长了，免不了要懒一点，就可能会记成这样：

```
第1种笔（红笔） = 12支
第2种笔（黑色签字笔） = 29支
第1种作业本（16K） = 21本
第2种作业本（32K） = 45本
第1种米（散装大米） = 175.5斤
第2种米（散装小米） = 68.8斤
```

再懒惰一点的话，就可能会变成下面这样：

```
bi1 = 12
bi2 = 29
zuo1 = 21
zuo2 = 45
mi1 = 175.5
mi2 = 68.8
```

终极简略版可能如下：

```
b1 = 12
b2 = 29
z1 = 21
z2 = 45
m1 = 175.5
m2 = 68.8
```

b1 代表什么呢？代表第 1 种笔的数量，即红笔的数量。

那 b1 = 12 又代表什么呢？代表第 1 种笔有 12 支。

超市里每一天每种商品的数量都在变化，卖出去了，数量会减少；进货了，数量又会增加。比如，一天的营业结束后，经过盘点，上面 6 种商品的数量更新如下。

```
b1 = 8
b2 = 17
```

```
z1 = 33
z2 = 41
m1 = 105.7
m2 = 90.8
```

其中，b1、b2、z1、z2、m1 和 m2 就是本章要介绍的变量。简言之，变量里记录（称为存储）了可以变化的数据。

2.3 常量和变量

编写程序的目的是处理数据。在程序中，数据是以常量和变量两种形式存在的。

在第 1 章的练习 1 和练习 2 中，我们通过编写程序求解算术题。题目中出现的一些数，我们以非常"直白"的方式表示出来，如 96 + 92、100 − 2 * 10。

所谓**常量**，就是从字面上即可判别其值的量。例如，上述例子中的 96、92、100、2、10 等，2.2 节提到的 33、41、105.7、90.8 等，都是常量。其实，"Hello world!"、"++++++++" 等也是常量，称为**字符串常量**。

所谓**变量**，就是值可以发生变化的量，比如 2.2 节中的 b1、b2、z1、z2、m1、m2。

2.4 数据类型

生活中，很多事物有不同的类型。我们写字用的笔，有铅笔、圆珠笔、钢笔、毛笔等类型。程序中的数据也有不同的类型。C++ 语言提供了丰富的数据类型。第 5 章会介绍 C++ 语言中所有的基本数据类型。

常用的基本数据类型有 3 种。

（1）存储整数要用 int 型，超过 2147483647（21 亿多）就要用 long long 型。96、92、33、41 等都是整数。

（2）存储浮点数（就是有小数部分的数），要用 double 型。105.7、90.8 等都是浮点数。

（3）存储字符（如 'A'、'#'），要用 char 型。

目前只需要掌握整型数据，第 5 章会学习浮点型和字符型数据，第 8 章还会学习布尔型数据。

2.5 案例 1：求两门课程成绩总分（2）

【题目描述】

在期末考试中，小 A 语文考了 96 分，数学考了 92 分，求他的总分并输出。小 B 语文考了 95 分，数学考了 90 分，求他的总分并输出。

【题目分析】

本题的求解步骤如下。

（1）定义变量 a 和 b，用来存储小 A 的语文和数学成绩。用赋值运算符"="给变量 a 和 b 赋值。

（2）定义变量 c，存储 a 和 b 的和。

（3）输出 c 的值。

（4）变量可以复用，对本题而言，计算出小 A 的总分后，可以用 a 和 b 来存储小 B 的语文和数学成绩。

（5）计算现在 a 和 b 的和，并存入变量 c。

（6）输出 c 的值。

代码如下：

```cpp
#include <iostream>
using namespace std;
int main( )
{
    int a = 96, b = 92;   //int表示整数类型
    int c = a + b;
    cout <<c <<endl;
    a = 95, b = 90;
    c = a + b;
    cout <<c <<endl;
    return 0;
}
```

【知识点】变量的定义

在 C++ 程序中，要使用变量来存储值可以发生变化的量，需要先定义变量。
定义变量的一般形式如下：

变量类型 变量名列表；

变量名列表是指一个或多个变量名的序列。示例如下：

int a, n;

变量名是**标识符**的一种。简单来说，标识符就是一个名字。C++ 规定，**标识符只能由字母、数字和下划线 3 种字符组成，且第一个字符必须为字母或下划线**，也就是说，标识符不能以数字开头。因此，a1、a_1 都是合法的标识符，但 1a 就不是合法的标识符。

【知识点】变量的赋值

"赋"是"赋予""给予"的意思，赋值就是赋给变量一个值，是通过等号（=）来实现的。这里的等号不是数学上的"相等"的含义，而是一种"动作"。等号（=）称为**赋值运算符**。

代码 a = 96 的意思是给变量 a 赋予值"96"，也就是往变量 a 里存储"96"这个值。

代码 c = a + b 的意思是把"a + b"的结果赋给变量 c。

2.6　案例 2：求数学成绩（1）

【题目描述】

已知小 A 同学语文和数学两门课程的总分为 188 分，以及语文成绩为 96 分，求他的数学成绩。要求用变量实现。

【题目分析】

本题的求解步骤如下。

（1）用变量 s 存储总分。

（2）用变量 a 存储语文成绩。

（3）再用变量 b 存储计算出来的数学成绩，计算出 b 的值。

（4）输出变量 b 的值。

代码如下：

```
#include <iostream>
using namespace std;
int main( )
{
    int s = 188;     //s表示两门课的总分
    int a = 96;      //a表示语文成绩
    int b = s - a;   //b表示数学成绩
    cout <<b <<endl;
    return 0;
}
```

2.7　案例 3：求两年后的年龄

【题目描述】

小 A 同学现在是 9 岁，请问两年后他是几岁。要求用变量实现，且只定义一个变量。

【题目分析】

定义变量 a 表示小 A 的年龄，初始为 9（岁）。两年过后，他的年龄是多少呢？肯定是 a+2，我们可以把这个"新"的年龄再存回变量 a，于是得到了一条"令人费解"的代码（a = a + 2;）。代码如下。

```
#include <iostream>
using namespace std;
int main( )
{
    int a = 9;   //a表示小A的年龄
    a = a + 2;   //从内存里把a的值取出来,送到CPU执行运算a+2,再把运算结果存回去
```

```
    cout <<a <<endl;
    return 0;
}
```

代码 a = a + 2; 的执行过程：从内存中取出变量 a 的值，传送到 CPU 中执行 a+2 的运算，再通过赋值运算符 "=" 把运算结果存入变量 a，于是 a 的值就改变了，如图 2.3 所示。

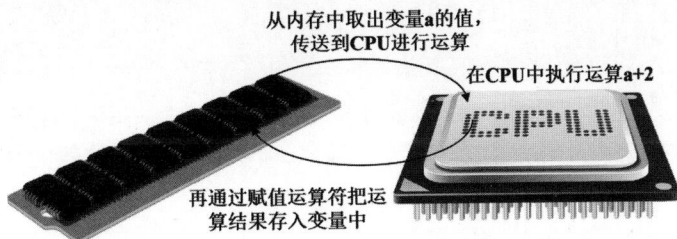

图 2.3　代码 a = a + 2; 的执行过程

【知识点】变量的特点

通过前面的 3 个案例，我们可以总结出变量的特点，如下所示。

（1）变量是用来存 "值" 的，变量有名字。

（2）变量的值可以改变，所以称为变量。

（3）变量的值是 "取之不尽" 的，即从变量里取出它的值（比如用来赋给其他变量）后，它的值不会减小也不会消失。不像口袋里的钱，用了就少了，甚至没有了。

（4）变量的值是 "以新冲旧" 的，即存入新的值后，之前的值就不存在了。

（5）变量有不同的 "类型"。

2.8　练习1：净胜球（1）

【题目描述】

在足球比赛里，有的时候要算一支球队的净胜球。净胜球 = 总进球数 − 总丢球数。有一支球队在一个赛季总共进了 78 个球、丢了 54 个球，求这支球队的净胜球。

要求用变量实现，不能直接用 cout 语句输出最终的答案。

【题目分析】

本题的求解步骤如下。

（1）用变量 g1 存储进球数。

（2）用变量 g2 存储丢球数。

（3）用变量 g 存储净胜球数，代码为 g = g1 - g2。

（4）输出变量 g 的值。

代码如下：

```
#include <iostream>
using namespace std;
```

```
int main( )
{
    int g1 = 78;
    int g2 = 54;
    int g = g1 - g2;
    cout <<g <<endl;
    return 0;
}
```

注意，净胜球数可能取负值。当总进球数小于总丢球数，求得的净胜球数就是负的。在数学上，当一个数减 a 去另一个数 b，不够减（$a<b$）时，得到的差就是负的。

2.9　练习 2：求女生人数

【题目描述】

某班有 49 名学生，其中男生 25 名，请问女生有多少人？要求用变量实现。

【题目分析】

本题的求解步骤如下。

（1）用变量 s 存储总人数。

（2）用变量 a 存储男生人数。

（3）再用变量 b 存储计算出来的女生人数。

（4）输出变量 b 的值。

代码如下：

```
#include <iostream>
using namespace std;
int main( )
{
    int s = 49;       //s表示总人数
    int a = 25;       //a表示男生人数
    int b = s - a;    //b表示女生人数
    cout <<b <<endl;
    return 0;
}
```

2.10　练习 3：求身高

【题目描述】

小 A 同学去年是 136 厘米，今年长高了 5 厘米，请问他现在身高是多少厘米？要求用变量实现，且只定义一个变量。

【题目分析】

定义变量 h 表示小 A 的身高，初始为 136（厘米）。今年长高了 5 厘米，那么现在身高是多少厘米？肯定是 h+5，我们可以把这个"新"的身高再存回变量 h，于是得到了 h = h + 5; 这条代码。代码如下：

```
#include <iostream>
using namespace std;
int main( )
{
    int h = 136;   //h表示身高
    h = h + 5;
    cout <<h <<endl;
    return 0;
}
```

2.11　计算机小知识：度量存储空间大小的单位

在 C++ 语言中，一个 int 型数据占 4 个字节，字节是存储空间大小的单位。

就像重量、长度有单位一样，在计算机里，度量数据大小和存储空间大小也是有单位的。在计算机中，存储数据的基本单位是字节（byte），1 字节等于 8 位（二进制）。图 2.4 所示为两个字节的存储。二进制位（bit）是存储数据的最小单位，每个二进制位存储 0 或 1。这里涉及二进制知识，计算机是采用二进制来表示和存储数据的。在数学上和生活中我们是采用十进制表示数的。在计算机中，存储一个英文字母需要一个字节，存储一个中文汉字一般需要 2 个或 4 个字节。

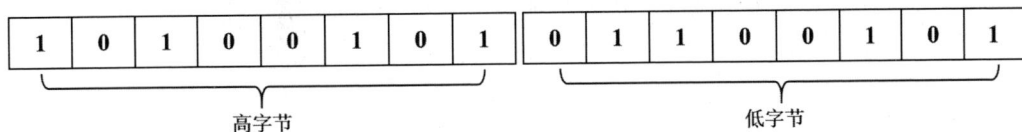

1	0	1	0	0	0	1	0	1	0	1	1	0	0	1	0	1

高字节　　　　　　　　　　　　　　低字节

图 2.4　两个字节的存储

在重量单位中，克（g）是很小的单位，实际应用时需要更大的单位，如千克（kg）、吨。同样，在数据存储单位中，位和字节是很小的单位。观察你的 U 盘、磁盘（如 D 盘）或内存，看看容量大小是多少？

数据存储常用单位及换算关系如下。

- 1 字节（byte）= 8 位（bit）。
- 1 KB（Kilobyte，千字节）= 1024 B = 2^{10} B，1024 有时会近似为 1000。2^{10} 表示 10 个 2 相乘，即 $2 \times 2 \times 2 \times 2 \times 2 \times 2 \times 2 \times 2 \times 2 \times 2 = 1024$。
- 1 MB（Megabyte，兆字节）= 1024 KB = $2^{10} \times 2^{10}$ B = 2^{20} B。2^{20} 近似为 $1000 \times 1000 = 1000000$（100 万）。

- 1 GB（Gigabyte，吉字节）= 1024 MB = $2^{10} \times 2^{20}$ B = 2^{30} B。2^{30} 近似为 $1000 \times 1000 \times 1000 = 1000000000$（10 亿）。
- 1 TB（Trillionbyte，太字节）= 1024 GB = $2^{10} \times 2^{30}$ B = 2^{40} B。

2.12 基础知识练习（GESP 真题）

【选择题】

1. 不可以作为 C++ 标识符的是（   ）。

    A. Printf   B. _123   C. While   D. case

2. 以下不是存储设备的是（   ）。

    A. 光盘   B. 磁盘   C. 固态盘   D. 鼠标

3. 不可以作为 C++ 标识符的是（   ）。

    A. a_plus_b   B. a_b   C. a+b   D. ab

4. 按照 C++ 语言的语法，以下不是正确的变量定义语句是（   ）。

    A. int a;   B. int a = 10;   C. int a(10);   D. a = 10;

5. 如果 a 为 int 类型的变量，且 a 的值为 6，则执行 a=a+3; 语句后，a 的值会变为（   ）。

    A. 0   B. 3   C. 6   D. 9

6. 计算机系统中存储的基本单位用 B 来表示，它代表的是（   ）。

    A. Byte   B. Block   C. Bulk   D. Bit

7. 下列关于 C++ 语言的叙述，不正确的是（   ）。

    A. 变量定义时可以不初始化   B. 变量被赋值之后的类型不变

    C. 变量没有定义也能够使用   D. 变量名必须是合法的标识符

8. 以下不可以作为 C++ 标识符的是（   ）。

    A. x321   B. 0x321   C. x321_   D. _x321

9. 下列关于 C++ 语言变量的叙述，正确的是（   ）。

    A. 变量可以没有定义

    B. 对一个没有定义的变量赋值，相当于定义了一个新变量

    C. 执行赋值语句后，变量的类型可能会变化

    D. 执行赋值语句后，变量的值可能不会变化

10. 以下可以作为 C++ 标识符的是（   ）。

    A. number_of_Chinese_people_in_millions

    B. 360AntiVirus

    C. Man&Woman

    D. break

11. 我们通常说的"内存"属于计算机中的（   ）。

    A. 输出设备   B. 输入设备   C. 存储设备   D. 打印设备

12. 以下不可以作为 C++ 变量的名称的是（   ）。

    A. redStar   B. RedStar   C. red_star   D. red star

13. 下面 C++ 代码段执行后的输出是（　　）。

```
int a = 3, b = 4;
cout << "a+b=" << a+b;
```

    A. 3+4= 7 　　　　 B. 3+4=7 　　　　 C. a+b=7 　　　　 D. a+b=a+b

14. 以下不可以作为 C++ 变量的名称的是（　　）。

    A. CCF GESP 　　 B. ccfGESP 　　　 C. CCFgesp 　　　 D. CCF_GESP

15. 下面 C++ 代码执行后的输出是（　　）。

    A. a+1= 2 　　　　 B. a+1=2 　　　　 C. 2=2 　　　　　 D. 2= 2

```
int a = 1;
cout << "a+1= " << a+1 << endl;
```

16. 在 C++ 中，下列不可用作变量的是（　　）。

    A. five-Star 　　 B. five_star 　　　 C. fiveStar 　　　 D. _fiveStar

17. 据有关资料，山东大学于 1972 年研制成功 DJL-1 计算机，并于 1973 年投入运行，其综合性能居当时全国第三位。DJL-1 计算机运算控制部分所使用的磁芯存储元件由磁心颗粒组成，设计存贮周期为 2 微秒。那么该磁芯存储元件相当于现代计算机的（　　）。

    A. 内存 　　　　　 B. 磁盘 　　　　　 C. CPU 　　　　　 D. 显示器

18. 在 C++ 中，下列可以用作变量的是（　　）。

    A. Var-1 　　　　 B. $1 　　　　　　 C. %%1 　　　　　 D. _Var_1

【判断题】

1. 常量是在整个程序运行过程中不能改变的量。（　　）

2. C++ 语言中的标识符只能由大写字母和小写字母组成。（　　）

3. 在 C++ 语言中，标识符中可以有数字，但不能以数字开头。（　　）

4. 如果 a 为 int 类型的变量，则赋值语句 a=a+3; 是错误的，因为这条语句会导致 a 无意义。（　　）

5. 在 C++ 语言中，计算结果必须存储在变量中才能输出。（　　）

6. 在 C++ 语言中，标识符的命名不能完全由数字组成，至少有一个字母就可以。（　　）

7. 10 是一个 int 类型常量。（　　）

8. 早期计算机内存不够大，可以将字库固化在一个包含只读存储器的扩展卡中插入计算机主板帮助处理汉字。（　　）

9. 在 C++ 代码中，不可以将变量命名为 cout，因为 cout 是 C++ 的关键字。（　　）

10. 在 C++ 代码中，不可以将变量命名为 printf，因为 printf 是 C++ 语言的关键字。（　　）

11. 在 C++ 代码中，不可以将变量命名为 five-star，因为变量名中不可以出现 - 符号。（　　）

12. 在 C++ 代码中，studentName、student_name 以及 sStudentName 都是合法的变量名称。（　　）

13. 在 C++ 代码中，user_Name、_userName、user-Name、userName_ 都是合法的变量名。（　　）

第 3 章 数据的输入——输入语句

本章主要内容

- 介绍实现数据输入的 cin 语句。
- 总结编程解题的步骤。
- 介绍交换两个变量的值的方法。

3.1 有输入也有输出才更有意义

我们在第 2 章通过编程方法求解了一些数学问题，但是发现这种思路似乎并无优势可言。在本章中，我们将接触到实现输入的 cin 语句，从中可以感受到 C++ 的强大功能。

在数学上，求解一道题目必须给出所有的数据，就像第 2 章的那些题目一样。

在计算机里，有输入的概念，通过编程我们可以做到，同一道题目，输入不同的数据，程序都能求出正确的答案，这种编程解题才更有意义。例如，在本章的案例 1 中，编写好程序后，可以运行多次，每次输入不同的语文和数学成绩，程序都能正确地计算出总分。

注意，C 语言用 scanf 函数实现输入，用 printf 函数实现输出。C++ 语言兼容 C 语言，所以在 C++ 语言中也可以采用这两个函数实现输入输出。这两个函数的使用方法详见附录 B。

3.2 编程解题的步骤

学了输入之后，编程解题通常有以下 4 个步骤。

（1）定义变量。因为在 C++ 语言中必须先定义变量再使用，但并不是必须在第一行代码中定义好所有变量，而是只要在使用前定义好就可以了。因此，在解题步骤里一般也可以不把变量定义这一步标出来。

（2）输入数据，这需要用 cin 语句或 scanf 函数实现，对初学者，建议用 cin 语句。

（3）计算或处理。不同的题目，计算或处理方法不一样，难度可能差别很大。

（4）输出结果，就像做数学题要写答语一样，要把计算结果输出。

其中，第 2、3、4 步也称为 IPO 程序编写方法，即输入（Input）、处理（Process）、输出（Output），如图 3.1 所示。

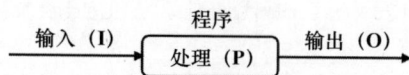

图 3.1 IPO 程序编写方法

生活中也有这样例子。假如有一家工厂，输入的是原材料，经过加工处理后，输出的是产品。又如，奶牛吃的是草，经过消化后，挤出来的是奶。

此外，如果题目比较简单，第3步和第4步也可以合二为一，即直接在输出语句中计算答案并输出。

3.3 案例1：求两门课程成绩总分（3）

【题目描述】

输入小 A 同学语文和数学两门课程的成绩，求总分并输出。

【输入描述】

输入数据占一行，为两个整数 a 和 b，表示两门课程的成绩，范围为 0 ～ 100 分。

注意，本书中，很多题目都会告知数据的范围，目的之一是使得题目符合生活中或数学上的实际情况。测试数据会保证数据一定符合题目中的范围，程序不用判断。

【输出描述】

输出数据占一行，为求得的答案。

【样例输入1】	【样例输出1】
98 90	188

【样例输入2】	【样例输出2】
95 95	190

【题目分析】

本题的求解步骤如下。

（1）定义变量 a、b 和 s，用其分别表示语文和数学两门课程的成绩以及总分。

（2）通过 cin 语句，从键盘上输入 2 个整数，保存到变量 a 和 b 中。

（3）计算出总分 s 的值。

（4）通过 cout 语句，输出总分，即变量 s 的值。

代码如下：

```cpp
#include <iostream>
using namespace std;
int main( )
{
    int a, b, s;        //(1) 定义变量
    cin >>a >>b;        //(2) 输入数据
    s = a + b;          //(3) 计算或处理
    cout <<s <<endl;    //(4) 输出结果 (相当于数学上的写答语)
    return 0;
}
```

【知识点】实现数据输入的 cin 语句

cin 是 C++ 的输入语句。图 3.2 描述了 C++ 中通过 cin 实现数据输入的过程。

输入的数据　输入流　　提取运算符　程序中的变量

键盘 → 98 → cin → >> → a

图 3.2 C++ 的 cin 语句

为了叙述方便，常常把由 cin 和提取运算符 ">>" 实现输入的语句称为输入语句或 cin 语句。cin 语句的一般格式如下：

cin >> 变量1 >> 变量2 >>… >> 变量n;

cout 用的是 "<<"，cin 语句用的是 ">>"。如何区分和记忆呢？cin 语句中的 ">>" 像一个向右的箭头，箭头指向变量，意味着输入的数据要保存到变量里。生活中也会用到类似的指示箭头，如图 3.3 所示。

图 3.3 生活中的指示箭头

cout 语句中的 "<<"，则像一个向左的箭头，箭头指向 cout，意味着待输出的数据是从 cout "流出来" 的。

cin 语句在读入多个数据时是以空格、换行符（按 Enter 键）、制表符（按 Tab 键）这 3 种符号分隔开的，这 3 种符号统称为空白符。图 3.4 给出了 3 种输入数据的方式，其中 188 是输出数据。

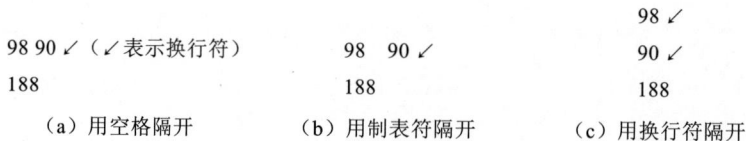

```
98 90 ↙（↙表示换行符）      98  90 ↙        98 ↙
188                          188             90 ↙
                                             188
 （a）用空格隔开           （b）用制表符隔开      （c）用换行符隔开
```

图 3.4 输入数据的不同方式

3.4 案例 2：求数学成绩（2）

【题目描述】

输入小 A 同学语文和数学两门课程的总分，以及语文成绩，求他的数学成绩。

【输入描述】

输入数据占一行，为两个整数 s 和 a，s 表示两门课程的总分，范围为 $0 \sim 200$ 分；a 为语文成绩，范围为 $0 \sim 100$ 分。

【输出描述】

输出数据占一行，为求得的答案。

【样例输入 1】	【样例输出 1】
188 98	90

【样例输入 2】	【样例输出 2】
190 92	98

【题目分析】

本题的求解步骤如下。

（1）定义变量 a、b 和 s，分别表示语文和数学两门课程的成绩以及总分。

（2）通过 cin 语句，从键盘上输入 2 个分数，将其保存到变量 s 和 a 中。

（3）计算出数学成绩 b 的值。

（4）通过 cout 语句，输出数学成绩，即变量 b 的值。

代码如下：

```cpp
#include <iostream>
using namespace std;
int main( )
{
    int a, b, s;        //(1) 定义变量
    cin >>s >>a;        //(2) 输入数据
    b = s - a;          //(3) 计算或处理
    cout <<b <<endl;    //(4) 输出结果 (相当于数学上的写答语)
    return 0;
}
```

3.5 案例 3：交换两个变量的值

【题目背景】

思考生活场景中的一个问题：有两个杯子，红色杯子里装了可乐，黄色杯子里装了果汁，怎么交换两个杯子里的饮料呢？允许使用一个空杯子。

在程序中，经常需要交换两个变量 u 和 v 的值。可以采用的一种方法是通过**中间变量** t（或称为**临时变量**，一般用 t、tmp 等变量名），先把 u 的值暂时保存到 t 中，然后把 v 的值赋给 u，最后把 t 的值赋给 v。

【题目描述】

交换两个变量 u 和 v 的值。

【输入描述】

输入占一行，为两个正整数 u 和 v，用空格隔开，u 和 v 的取值不超过 int 型范围。

【输出描述】

输出占一行，为交换后 u 和 v 的值，用空格隔开。

【样例输入】	【样例输出】
5 7	7 5

【题目分析】

本题需要用 3 条语句交换 u 和 v 的值。

代码如下：

```cpp
#include <iostream>
using namespace std;
int main( )
{
    int u, v;              //定义两个整型变量
    cin >>u >>v;           //(a)  从键盘上输入数据
    int t;                 //用来保存变量u的值的临时变量
    //以下3条语句用于交换u和v的值
    t = u;                 //(b)
    u = v;                 //(c)
    v = t;                 //(d)
    cout <<u <<" " <<v <<endl;
    return 0;
}
```

【解析】

在上面的程序中，要交换变量 u 和 v 的值，因此有 u = v；赋值语句，然后把变量 u 的值赋给变量 v，但此时变量 u 的值已经不是原来的值，而是变量 v 的值了。因此，在语句（c）执行之前需要先把变量 u 的值先保存到临时变量 t 中，然后在语句（d）中把临时变量 t 的值赋给变量 v。交换 u 和 v 值的过程如图 3.5 所示，图 3.5（a）～图 3.5（d）分别对应程序中 4 条语句执行后的效果。

（a）输入u、v的值   （b）将u的值赋给t   （c）将v的值赋给u   （d）将t的值赋给v

图 3.5 交换两个变量的方法 1（借助中间变量）

要交换 u 和 v 的值，也可以不借助中间变量，而是通过灵活运用算术运算符（＋ 和 －）和赋值运算符（＝）来实现。代码如下：

```cpp
#include <iostream>
using namespace std;
int main( )
{
    int u, v;               //定义两个整型变量
    cin >>u >>v;            //(a) 输入语句
    u = u + v;              //(b) 此时u的值为u与v的和
    v = u - v;              //(c) 赋值后,v的值为最初的u的值
    u = u - v;              //(d) 赋值后,u的值为最初的v的值
    cout <<u <<" " <<v <<endl;
    return 0;
}
```

【解析】

上述代码中，先在语句（b）中把变量 u 和变量 v 的值加起来，赋给变量 u。然后在语句（c）中将 u 减去 v，得到的是最初的 u 的值，将这个值赋给 v。在语句（d）中将 u 减去 v（最初的 u），得到的是最初的 v 的值，将这个值赋给 u。这样也实现了 u 和 v 两个变量的值的交换。具体执行过程见图 3.6，图 3.6（a）、图 3.6（b）、图 3.6（c）、图 3.6（d）分别对应程序中 4 条语句执行后的效果。

（a）输入u、v的值　（b）将u+v的值赋给u　（c）将u-v的值赋给v　（d）将u-v的值赋给u

图 3.6　交换两个变量的值的方法 2（不借助中间变量）

【思考】

如果把上述代码中的加法改为乘法、减法改为除法，能否实现 u 和 v 的值的交换？

3.6　练习1：净胜球（2）

【题目描述】

在足球比赛里，有的时候要算一支球队的净胜球。净胜球 = 总进球数 − 总丢球数。输入一支球队在一个赛季的总进球数和总丢球数。求这支球队的净胜球。

【输入描述】

输入数据占一行，为两个整数 a 和 b，$0 \leq a, b \leq 100$。

【输出描述】

输出占 1 行，为求得的答案。

【样例输入】	【样例输出】
78 54	24

【题目分析】

与第 2 章练习 1 不同的是，本题中的总进球数和总丢球数都是从键盘上输入的，需要通过 cin 语句实现。因此，本题的求解步骤如下。

（1）用变量 g1 和 g2 存储进球数和丢球数。

（2）用 cin 语句输入数据，保存到 g1 和 g2。

（3）用变量 g 存储净胜球数，g = g1 - g2。

（4）输出变量 g 的值。

代码如下：

```cpp
#include <iostream>
using namespace std;
int main( )
{
    int g1, g2;
    cin >>g1 >>g2;
    int g = g1 - g2;
    cout <<g <<endl;
    return 0;
}
```

3.7 练习 2：有多少同学不上延时课

【题目描述】

某班有 n 个同学，其中 x 个同学要上延时课，请问有多少个学生不上延时课。

【输入描述】

输入数据占一行，为两个正整数 n 和 x，用空格隔开，n 的范围为 $30 \sim 50$，$x \leqslant n$。

【输出描述】

输出数据占一行，为求得的答案。

【样例输入 1】	【样例输出 1】
49 46	3

【样例输入 2】	【样例输出 2】
49 45	4

【题目分析】

本题的求解步骤如下。

（1）定义变量 n、x 和 y，分别表示总人数、要上延时课的人数和不上延时课的人数。

（2）通过 cin 语句，从键盘上输入 2 个整数，分别保存到变量 n 和 x 中。

（3）计算出不上延时课的人数 y。

（4）通过 cout 语句，将变量 y 的值输出。

代码如下：

```
#include <iostream>
using namespace std;
int main( )
{
    int n, x, y;        //(1) 定义变量，y为不上延时课的人数
    cin >>n >>x;        //(2) 输入数据
    y = n - x;          //(3) 计算或处理
    cout <<y <<endl;    //(4) 输出结果（相当于数学上的写答语）
    return 0;
}
```

3.8 练习3：还剩多少钱（2）

【题目描述】

妈妈给小 A 同学 100 元钱，小 A 同学买了 n 支铅笔，每支铅笔 2 元钱，请问还剩多少元钱？

【输入描述】

输入数据占一行，为一个正整数 n，n 的取值范围为 1 ~ 50。

【输出描述】

输出数据占一行，为求得的答案。

【样例输入1】	【样例输出1】
20	60

【样例输入2】	【样例输出2】
12	76

【题目分析】

本题的求解步骤如下。

（1）定义变量 n 和 x，分别表示购买的铅笔数量和剩下的钱。

（2）通过 cin 语句，从键盘上输入 1 个整数，保存到变量 n 中。

（3）计算出剩下的钱 x。

（4）通过 cout 语句，输出变量 x 的值。

代码如下：

```
#include <iostream>
using namespace std;
int main( )
{
    int n, x;           //(1) 定义变量
    cin >>n;            //(2) 输入数据
    x = 100 - 2*n;      //(3) 计算或处理
    cout <<x <<endl;    //(4) 输出结果 (相当于数学上的写答语)
    return 0;
}
```

3.9 基础知识练习（GESP 真题）

【选择题】

1. 以下不属于计算机输入设备的有（　　）。

    A．键盘　　　　　　B．音箱　　　　　　C．鼠标　　　　　　D．传感器

2. 如果输入数据为 99 和 100，下列代码的输出结果为（　　）。

```
#include <iostream>
using namespace std;
int main() {
    int a, b;
    cin >> a >> b;
    a = a + b;
    b = a - b;
    a = a - b;
    cout << a << " " << b << endl;
    return 0;
}
```

    A．99 100　　　　　B．99 99　　　　　C．100 100　　　　D．100 99

3. 在下列代码的横线处填写（　　），可以使得输出是"20 10"。

```
#include <iostream>
using namespace std;
int main() {
    int a = 10, b = 20;
    _____//在此处填入代码
```

```
        cout < a << " " << b << endl;
        return 0;
    }
```

A. a = b; b = a;

B. a = max(a, b); b = min(a, b);

C. a = a + b; a = a - b; b = a - b;

D. int tmp = a; a = b; b = tmp;

4. 执行下面的 C++ 代码，输出的是（　　）。

```
int a = 1;
printf("a+1=%d\n", a+1);
```

A. a+1= 2　　　B. a+1=2　　　C. 2=2　　　D. 2= 2

5. 在 C++ 中，下面可以完成数据输入的语句是（　　）。

A. printf 语句　B. scanf 语句　C. default 语句　D. cout 语句

6. 对整型变量 i，执行 C++ 语句 cin >> i, cout << i; 时如果输入 5+2，下述说法正确的是（　　）。

A. 将输出整数 7

B. 将输出 5

C. 语句执行将报错，输入表达式不能作为输出的参数

D. 语句能执行，但输出内容不确定

7. 成功执行下面的 C++ 代码，从键盘上输入 5，按 Enter 键；再输入 2，按 Enter 键，输出的是（　　）。

```
cin >> a;
cin >> b;
cout << a + b;
```

A. 将输出整数 7

B. 将输出 52，5 和 2 之间没有空格

C. 将输出 5 和 2，5 和 2 之间有空格

D. 执行结果不确定，因为代码段没有显示 a 和 b 的数据类型

8. 下面 C++ 语句（　　）执行后的输出是 __ 0322$$。

A. printf("__ %2d%02d$$", 3, 22);

B. printf("__ %02d%2d$$", 3, 22);

C. printf("__ %02d%02d$$$$", 3, 22);

D. printf("____ %02d%02d$$$$", 3, 22);

9. 下面 C++ 代码执行后的输出是（　　）。

```
int N = 10;
printf("{N}*{N}=%d*%d}", N, N, N * N);
```

A. 10*10={10*10}　　　　B. 100=10

C. N*N=100　　　　D. {N}*{N}={10*10}

【判断题】

1. 在 C++ 中，不能用 scanf 作为变量名。 （   ）

2. 在 C++ 中，语句 printf("%d#%d&",2,3); 执行后输出的是 2#3&。 （   ）

3. 在 C++ 中，函数 scanf() 必须含有参数，且其参数为字符串型字面量，其功能是提示输入。 （   ）

4. 在 C++ 中，cin 是一个合法的变量名。 （   ）

5. 在 C++ 中，整型变量 N 被赋值为 5，语句 printf("%d*2",N); 执行后将输出 10。 （   ）

6. X 是 C++ 语言的基本类型变量，则语句 cin>>X, cout <<X; 能接收键盘输入并原样输出。 （   ）

第4章　数据的运算——算术运算

本章主要内容

- 介绍 C++ 语言中的 7 种算术运算符。
- 掌握用算术运算编程解题。
- 两个整数相除，会得到商和余数，这种商称为整数商。商和余数有非常重要的应用。
- 在 C++ 语言里，商和余数分别是用 / 和 % 运算符得到的。注意，取余运算 % 只适用于整数。

4.1　加、减、乘、除之外还有取余

在数学上，根据已知数据，要得到结果，往往需要经过一些运算。加、减、乘、除这4 种运算称为**算术运算**，是通过运算符 +、−、×、÷ 表示的。

- 运算：加、减、乘、除。
- **运算符**：+、−、×、÷。

注意：（1）C++ 语言用 "*" "/" 分别表示 "×" "÷" 这两个运算符；（2）如果被除数和除数都是整数，则得到的商不保留小数，这种商称为整数商。例如，17/3 的结果为 5。

此外，C++ 语言中还有取余运算。取余运算符为 %，对于两个正整数 a 和 b，a%b 的结果就是 a 除以 b 得到的余数，且必须保证 a 和 b 都是整数，也就是说，取余运算只适用于整数。a%b 的结果，即余数，是小于 b 的，事实上，余数的取值一定是 $0, 1, 2, \cdots, b-1$ 这些值之一。例如，17%3 的结果为 2。

注意理解整数除法得到的整数商和余数。正整数 a 除以 b，得到的商 a/b 表示 a 里有几个 b，得到的余数 a%b 表示从 a 里去掉 b 的整数倍后余下的零头，如图 4.1 所示。

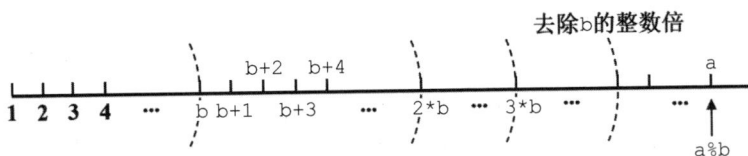

图 4.1　整数商和余数的含义

例如，17 个苹果分给 3 个同学，每个同学可以分到 17/3 = 5 个，还多出 17%3 = 2 个。

4.2　算术运算符和算术表达式

C++ 为算术运算提供了 7 种算术运算符，如表 4.1 所示。

表 4.1　C++ 的算术运算符

运算符	含义	说明	例子
+	加法	加法运算	17+3 的结果为 20
−	减法	减法运算	17−3 的结果为 14
*	乘法	乘法运算	17*3 的结果为 51
/	除法	两个整数相除的结果是整数，去掉小数部分	17/3 的结果为 5
%	模运算（即取余运算）	只适用于整数运算	17%3 的结果为 2
++	自增	适用于变量，使得变量的值增加 1	
--	自减	适用于变量，使得变量的值减小 1	

++ 和 -- 运算还有前置和后置的区别。自增运算符 ++ 用于将整型或浮点型变量的值加 1，只有一个操作数，称为**单目运算符**，并且该操作数必须是变量，而不能是常量或表达式等。自增运算符有如下两种用法。

（1）变量名 ++，此时"++"称为"后置 ++"，先取出变量的值参与运算，运算完后再使得该变量的值增加 1。

（2）++ 变量名，此时"++"称为"前置 ++"，先使得该变量的值增加 1，再用增加后的变量值参与运算。

"前置 ++"和"后置 ++"的区别，详见以下代码示例：

```
int a = 7,  b;
b = a++;                        //(1)"后置++"运算符，先将a的值赋给b，然后a再加1
cout <<a <<" " <<b <<endl; //输出8 7
a = 7;                          //重新将a赋值为7
b = ++a;                        //(2)"前置++"运算符，a先加1，然后将加1后的a的值赋给b
cout <<a <<" " <<b <<endl; //输出8 8
```

"前置 --"和"后置 --"的区别类似于"前置 ++"和"后置 ++"的区别。

4.3　案例 1：小杨买书（GESP 真题）

【题目描述】

小杨同学积攒了一部分零用钱想要用来购买书籍，已知一本书的单价是 13 元，请根据小杨零用钱的金额，编写程序计算最多可以购买多少本书，还剩多少零用钱。

【输入描述】

输入一个正整数 m，表示小杨拥有的零用钱数。对于全部数据，保证 $0 < m < 200$。

【输出描述】

输出包含两行，第一行为购买图书的本数，第二行为剩余的零用钱数。

【样例输入 1】	【样例输出 1】
100	7
	9

【样例输入 2】	【样例输出 2】
199	15
	4

【题目分析】

最多可以购买多少本书，意思就是要尽可能多买，剩下的钱不足以买一本，因此剩余的钱就是 m%13。那么，购买图书的本数就是 m/13，这是整数商。

代码如下：

```cpp
#include <iostream>
using namespace std;
int main( )
{
    int m;
    cin >> m;
    cout << m / 13 << endl;
    cout << m % 13 << endl;
    return 0;
}
```

4.4 案例 2：休息时间（GESP 真题）

【题目描述】

小杨计划在某个时刻开始学习，并决定在学习 k 秒后开始休息。

小杨想知道自己开始休息的时刻是多少。

【输入描述】

前 3 行每行包含一个整数，分别表示小杨开始学习时刻的时 h、分 m、秒 s（$1 < h \leqslant 12$，$0 \leqslant m \leqslant 59$，$0 \leqslant s \leqslant 59$）。

第四行包含一个整数 k，表示小杨学习的总秒数（注：$1 \leqslant k \leqslant 3600$）。

【输出描述】

输出一行，包含 3 个整数，分别表示小杨开始休息时刻的时、分、秒。

【数据范围】

对于全部数据，保证有 $1 < h \leqslant 12$，$0 \leqslant m \leqslant 59$，$0 \leqslant s \leqslant 59$。

【样例输入】	【样例输出】
12	13 0 9
59	
59	
10	

【样例解释】

小杨在 12:59:59 时刻开始学习，学习 10 秒后开始休息，即在 13:0:9 时刻开始休息。

【题目分析】

测试数据保证 $k \leqslant 3600$，因此，k 秒后还是同一天（24 小时制）。

先将 h 时 m 分 s 秒换算成秒数 z，然后 z 加上 k，得到 k 秒后的总秒数。

最后将 z 秒转换成时分秒，得到的小时数是 $z/3600$，将 z 对 3600 取余并更新为 z 的值；得到的分钟数是 $z/60$，将 z 对 60 取余并更新为 z 的值；最后 z 的值就是秒数。

代码如下：

```cpp
#include <iostream>
using namespace std;
int main( )
{
    int h, m, s;
    cin >>h >>m >>s;
    int k;
    cin >>k;
    int z = h*60*60 + m*60 + s;    //将h时m分s秒换算成秒数
    z += k;                        //加上k秒
    int hh = z/3600;               //再把z转换成hh时mm分ss秒
    z %= 3600;
    int mm = z/60;
    z %= 60;
    cout <<hh <<" " <<mm <<" " <<z <<endl;
}
```

【知识点】复合的赋值运算符

以上代码用到了复合的赋值运算符，如 += 和 %=。

要理解复合的赋值运算符，以 += 为例，z += k 其实是一种简洁写法，完整的写法是 z = z + k 的。从简洁写法还原成完整的写法，步骤如下：首先将有下划线的 z + 移到 "=" 右侧，然后在 "=" 左侧补上变量名 z，如图 4.2 所示。

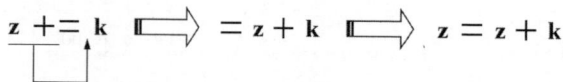

$$z += k \implies = z + k \implies z = z + k$$

图 4.2　复合的赋值运算符的演化

如果赋值运算符右边是包含若干项的表达式，则相当于它有括号。例如，z -= 5+2 等价于 z = z - (5+2)，假设赋值前 z 的值为 13，则赋值后，变量 z 的值为 6。如果没加括号，得到的表达式为 z = z - 5+2，其结果是 10，这是错误的。

4.5 案例 3：小杨的考试（GESP 真题）

【题目描述】

今天是星期 x，小杨还有 n 天就要考试了，你能推算出小杨考试那天是星期几吗？（本题中使用 7 表示星期日）

【输入描述】

输入 2 行，第一行一个整数 x（$1 \leqslant x \leqslant 7$）；第二行一个整数 n（$1 \leqslant n \leqslant 364$）。

【输出描述】

输出一个整数，表示小杨考试那天是星期几。

【样例输入 1】	【样例输出 1】
1 6	7

【样例输入 2】	【样例输出 2】
5 3	1

【题目分析】

在本题中，用数字 1 ~ 7 表示星期几，这种数字称为星期数。本题约定 1 表示星期一，7 表示星期天。

今天是星期 x，n 天后是星期几呢？如果星期数是无限的，星期 1, 2, 3, ..., 7, 8, 9, ...，显然答案就是 x+n。但是，星期数是有限的，只能取 1 ~ 7。所以需要把 (x+n) 中 7 的整数倍去掉，只保留零头，即 (x+n)%7，如图 4.3 所示。

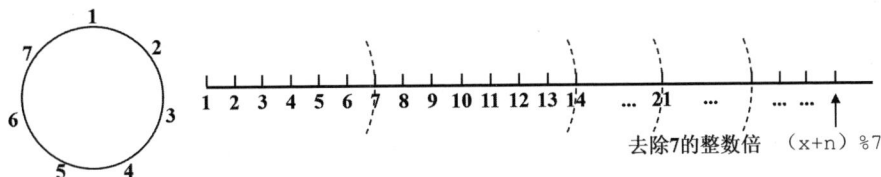

图 4.3　n 天后是星期几

但是 (x+n)%7 的取值范围是 0 ~ 6，显然是不对的，答案的范围应该是 1 ~ 7。那怎么办呢? 在 (x+n)%7 的基础上加 1, 范围就对了。同时为了抵消这个加 1 的效果, 在取余之前先减 1, 因此正确的计算式是 (x+n-1)%7+1。

代码如下:

```cpp
#include <iostream>
using namespace std;
int main( )
{
    int x, n; cin >>x >>n;
    cout <<(x+n-1)%7+1 <<endl;
    return 0;
}
```

其实用 (x+n)%7 来计算, 大部分时候是对的, 即计算结果为 1 ~ 6 分别对应星期一至星期六。但是必须考虑一种特殊情况, (x+n)%7 的结果可能为 0, 这时答案不是 0, 而是 7。在第 7 章学了分支结构后, 也可以先求出 t = (x+n)%7, 然后判断一下, 如果 t 的值为 0 则输出 7, 否则输出 t。这样处理, 也是可以的。

4.6 练习 1: 小杨购物 (GESP 真题)

【题目描述】

小杨有 n 元钱用于购物。商品 A 的单价是 a 元, 商品 B 的单价是 b 元。小杨想购买相同数量的商品 A 和商品 B。

请你编写程序帮小杨计算出他最多能够购买多少个商品 A 和商品 B。

【输入描述】

第一行包含一个正整数 n, 代表小杨用于购物的钱的金额。

第二行包含一个正整数 a, 代表商品 A 的单价。

第三行包含一个正整数 b, 代表商品 B 的单价。

【输出描述】

输出一行, 包含一个整数, 代表小杨最多能够购买的商品和商品的数量。

【数据范围】

对于全部数据, 保证有 $1 \leqslant n, a, b \leqslant 10^5$。

【样例输入 1】   【样例输出 1】

```
12                                      4
1
2
```

【样例输入2】	【样例输出2】
13 1 2	4

【样例1解释】

对于样例1，由于需要购买相同数量的两种商品，因此小杨最多能够购买4件商品A和4件商品B，共花费12元。因此，样例1的答案为4。

【样例2解释】

对于样例2，由于需要购买相同数量的两种商品，因此小杨最多能够购买4件商品A和4件商品B，共花费12元。如果小杨想购买5件商品A和5件商品B，则需花费15元，超过了小杨的预算13元。因此，样例2的答案为4。

【题目分析】

要理解"最多"的含义，最多能够购买多少件商品A和商品B，意思就是要尽可能多买，剩下的钱不足以买一件商品A和商品B，因此答案就是 n/(a+b)，注意，括号是必须加的。

代码如下：

```cpp
#include <iostream>
using namespace std;
int main( )
{
    int n, a, b;
    cin >>n >>a >>b;
    cout <<n/(a+b) <<"\n";                //"\n"也表示换行
    return 0;
}
```

4.7 练习2：时间规划（GESP真题）

【题目描述】

小明在为自己规划学习时间。现在他想知道两个时刻之间有多少分钟，你能通过编程帮他做到吗？

【输入描述】

输入4行，第一行为开始时刻的小时，第二行为开始时刻的分钟，第三行为结束时刻的小时，第四行为结束时刻的分钟。

输入保证两个时刻是同一天，开始时刻一定在结束时刻之前。时刻使用24小时制，即小时在 0 和 23 之间，分钟在 0 和 59 之间。

【输出描述】

输出一行，包含一个整数，从开始时刻到结束时刻之间有多少分钟。

【样例输入 1】	【样例输出 1】
9 5 9 6	1

【样例输入 2】	【样例输出 2】
9 5 10 0	55

【题目分析】

假设开始时刻为 h1 时 m1 分，结束时刻为 h2 时 m2 分。从样例数据 1 可知，计算 (h2 - h1) * 60，得到的是小时数之差对应的分钟数，再加上 (m2 - m1)，这是分钟数之差对应的分钟数，即 (h2 - h1) * 60 + (m2 - m1)，就是本题的答案。

但是在样例数据 2 中，(m2 - m1) 是负数，按照上述式子计算出来的答案还是正确的吗？是正确的。如果 (m2 - m1) 是负数，就会从 (h2 - h1) * 60 里扣除 (m1 - m2) 分钟，得到的答案也是正确的。

代码如下：

```cpp
#include <iostream>
using namespace std;
int main( )
{
    int h1, h2, m1, m2;                //定义需要的变量
    cin >> h1 >> m1;                   //输入开始时刻的小时h1，开始时刻的分钟m1
    cin >> h2 >> m2;                   //输入结束时刻的小时h2，结束时刻的分钟m2
    cout << (h2 - h1) * 60 + (m2 - m1);  //计算并输出结果
    return 0;
}
```

4.8　练习 3：1～n 有多少个 3 的倍数（除法）

【题目描述】

请问 1～n 内的所有数中，有多少个数是 3 的倍数。

【输入描述】

输入数据占一行，为一个正整数 n，n 的取值范围是 10 ～ 1000。

【输出描述】

输出数据占一行，为求得的答案。

【样例输入 1】	【样例输出 1】
100	33

【样例输入 2】	【样例输出 2】
300	100

【题目分析】

同学们，如果你们班每 4 个学生就有一个学生姓李，那么你们班有多少个学生姓李？答案是：学生总数 /4，这里的除法是整数的除法。同理，对 1 ～ n 内的所有数，每 3 个连续的数就有一个数是 3 的倍数，因此本题的答案就是 n/3。

代码如下：

```
#include <iostream>
using namespace std;
int main( )
{
    int n, x;           //(1) 定义变量
    cin >>n;            //(2) 输入数据
    x = n/3;            //(3) 计算或处理
    cout <<x <<endl;   //(4) 输出结果 (相当于数学上的写答语)
    return 0;
}
```

4.9 基础知识练习（GESP 真题）

【选择题】

1. 若 a、b、c、d 均为 int 类型的变量，并且初始值均为 0，以下不是正确的赋值语句的是（　　）。

A. a = b = c = d = 100;　　B. d++;

C. c + b;　　D. d = (c = 22) - (b++);

2. 下列符号不是 C++ 语言的运算符的是（　　）。

A. $　　B. %　　C. =　　D. *

3. 表达式 (3 + 12 / 3 * 2) 的计算结果为（　　）。

A. 10　　B. 5　　C. 11　　D. 2

4. 如果 a、b 和 c 都是 int 类型的变量，下列哪个语句不符合 C++ 语法？（　　）

　　A. c = a + b;　　B. c += a + b;　　C. c = a = b;　　D. c = a ++ b;

5. 如果用两个 int 类型的变量 a 和 b 分别表示长方形的长和宽，则下列哪个表达式不能用来计算长方形的周长？（　　）

　　A. a + b * 2　　　　　　　　　　B. 2 * a + 2 * b

　　C. a + b + a + b　　　　　　　　D. b + a * 2 + b

6. 如果 a 为 int 类型的变量，且 a 的值为 6，则执行 a *= 3; 之后，a 的值会是（　　）。

　　A. 3　　　　　　B. 6　　　　　　C. 9　　　　　　D. 18

7. 如果 a 为 int 类型的变量，下列哪个表达式可以正确求出满足"大于等于 a 且是 4 的倍数"的整数中的最小值？（　　）

　　A. a * 4　　　　　　　　　　　　B. a / 4 * 4

　　C. (a + 3) / 4 * 4　　　　　　　D. a - a % 4 + 4

8. 在下列代码的横线处填写（　　），可以使得输出是"20 10"。

```
#include <iostream>
using namespace std;
int main() {
    int a = 10, b = 20;
    a = _____; //在此处填入代码
    b = a / 100;
    a = a % 100;
    cout << a <<" " << b << endl;
    return 0;
}
```

　　A. a + b　　　　　　　　　　　　B. (a + b) * 100

　　C. b * 100 + a　　　　　　　　　D. a * 100 + b

9. 如果 a、b 和 c 都是 int 类型的变量，下列哪个语句不符合 C++ 语法？（　　）

　　A. c = a + b;　　B. c += a + b;　　C. c = a = b;　　D. c = a ** b;

10. 如果用一个 int 类型的变量 a 表示正方形的边长，则下列哪个表达式不能用来计算正方形的面积？（　　）

　　A. a * a　　　　B. 1 * a * a　　　C. a ^ 2　　　　D. a * 2 * a / 2

11. 表达式 (4 * (11 + 12) / 4) 的计算结果为（　　）。

　　A. 47　　　　　　B. 20　　　　　　C. 23　　　　　　D. 56

12. 如果 a 为 int 类型的变量，且 a 的值为 6，则执行 a %= 4; 之后，a 的值会是（　　）。

　　A. 1　　　　　　B. 2　　　　　　C. 3　　　　　　D. 4

13. 在下列代码的横线处填写（　　），使得输出为"20 10"。

```
#include <iostream>
using namespace std;
int main() {
    int a = 10, b = 20;
    a = _____; //在此处填入代码
```

```
    b = a + b;
    a = b - a;
    cout << a << " " << b << endl;
    return 0;
}
```

A. a + b   B. b   C. a - b   D. b - a

14. 对 int 类型的变量 a、b、c，下列语句不符合 C++ 语法的是（   ）。
    A. c += 5;   B. b = c % 2.5;
    C. a = (b = 3, c = 4, b + c);   D. a -= a = (b = 6) / (c = 2);

15. 在 C++ 中，表达式 10 - 3 * (2 + 1) % 10 的值是（   ）。
    A. 0   B. 1   C. 2   D. 3

16. 在 C++ 中，表达式 (3 - 2) * 3 + 5 的值是（   ）。
    A. -13   B. 8   C. 2   D. 0

17. 在 C++ 中，执行 cout << "5%2=" << 5 % 2 语句，输出的是（   ）。
    A. 2 2   B. 1 1   C. 5%2=2   D. 5%2=1

18. 在 C++ 中，表达式 3 - 3 * 3 / 5 的值是（   ）。
    A. -1.2   B. 1   C. 0   D. 2

19. 在 C++ 中，假设 N 为正整数，则表达式 cout << (N % 3 + N % 7) 可能输出的最大值是（   ）。
    A. 6   B. 8   C. 9   D. 10

20. 在 C++ 中，执行 printf("5%%2={%d}\n",5 % 2) 语句，输出的是（   ）。
    A. 1={1}   B. 5%2={5%2}   C. 5%2={1}   D. 5 ={1}

21. 在 C++ 中，表达式 9/4 - 6 % (6 - 2) * 10 的值是（   ）。
    A. -17.75   B. -18   C. -14   D. -12.75

22. 在 C++ 中，表达式 10 - 3 * 2 的值是（   ）。
    A. 14   B. 4   C. 1   D. 0

23. 在 C++ 中，假设 N 为正整数 10，则 cout <<(N / 3 + N % 3) 将输出（   ）。
    A. 6   B. 4.3   C. 4   D. 2

24. C++ 语句 printf("6%2={%d}", 6%2); 执行后的输出是（   ）。
    A. "6%2={6%2}"   B. 6%2={6%2}
    C. 0=0   D. 6%2={0}

25. 在 C++ 中，假设 N 为正整数 2，则 cout << (N / 3 + N % 3) 将输出（   ）。
    A. 0   B. 2   C. 3   D. 4

26. 在 C++ 中，cout << 7%3 << ' '<< "7%3"<< ' ' << "7%3={7%3}" 执行后的输出是（   ）。
    A. 1 1 1=1   B. 1 7%3 1= 1
    C. 1 7%3 7%3= 1   D. 1 7%3 7%3={7%3}

27. int 类型变量 a 的值是一个正方形的边长，如下图中的正方形的 4 条边长都为 4，则下列哪个语句执行后能够使得正方形的周长（4 条边长的和）增加 4？（   ）

```
+ + + +
+      +
+      +
+      +
+ + + +
```

A. a*4;　　　　B. a+4;　　　　C. a+1;　　　　D. ++a;

28. 在 C++ 中，表达式 16 / 4 % 2 的值是（　　）。

A. 8　　　　　B. 4　　　　　C. 2　　　　　D. 0

29. N 是 C++ 的正整数，值为 12，则 cout <<(N % 3 + N / 5) 的输出是（　　）。

A. 6.4　　　　B. 2.4　　　　C. 6　　　　　D. 2

30. 执行下面的 C++ 代码，在键盘上先后输入 100 和 200，输出是（　　）。

```
int first,second;
cout << "请输入第1个正整数：";
cin >> first;
cout << "请输入第2个正整数：";
cin >> second;
cout << (first / second * second) << endl;
```

A. 200　　　　B. 100　　　　C. 1　　　　　D. 0

【判断题】

1. C++ 语言中也遵循与“先乘除后加减”类似的运算符优先级规则。　　　　（　　）
2. 表达式 (37/4) 的计算结果为 9，且结果类型为 int。　　　　（　　）
3. 在 C++ 代码中变量 n 被赋值为 27，则 cout<<n%10 执行后输出的是 7。　　（　　）
4. 在 C++ 中有整型变量 N，则表达式 N += 8/4//2 相当于 N += 8/(4/2)。（　　）
5. 在 C++ 中，表达式 10/4 和 10%4 的值相同，都是整数 2，说明 / 和 % 可以互相替换。

（　　）
6. 在 C++ 中，表达式 8/3 和 8%3 的值相同。　　　　（　　）
7. 在 C++ 中表达式 N * 2 % N 中如果 N 的值为正整数，则其值为 2。　　（　　）

第 5 章　浮点型数据和字符型数据

本章主要内容

- 介绍浮点型数据，以及浮点数除法。
- 介绍字符型数据，包括字符型常量和变量。
- 介绍自动类型转换和强制类型转换。

5.1　浮点型数据

在第 1 章到第 4 章中，我们主要用到了整数——在 C++ 语言中称为**整型数据**。除了整数，常见的数还有小数。小数在 C++ 语言中称为浮点数型数据。

在程序里，浮点型数据也是以变量和常量两种形式存在的。

浮点型变量要用关键字 double 和 float 来定义。float 称为单精度，double 称为双精度，二者的区别在于能表示数据的范围和精度。精度就是小数的位数。通常情况下，double 类型的精度为 15 到 16 位小数，float 类型的精度为 6 到 7 位小数。

```
double d = 2.5, pi = 3.1415926;
```

在上述代码中，d、pi 就是浮点型变量，2.5、3.1415926 就是浮点型常量。

除了 2.5 这种形式的浮点型常量外，在 C++ 语言中也可以用科学记数法来表示浮点型常量。例如，$31415.926 = 3.1415926 \times 10000 = 3.1415926 \times 10^4$，在 C++ 程序中可以表示为 3.1415926E4 或 3.1415926e4，E4 或 e4 表示要乘以 10 的 4 次方。

又如 1e5 表示 $1 \times 10^5 = 100000$，2.5E3 表示 $2.5 \times 10^3 = 2500$。

在第 4 章，我们学了整数的除法。两个整数相除，得到的商不保留小数，这种除法称为整数除法，得到的商称为**整数商**。如果希望得到的商包含小数部分，必须保证被除数和除数至少有一个是浮点数，这种除法称为浮点数除法，得到的商称为**浮点数商**。

例如，17/5 的商为 3，如果希望得到的商为 3.4，必须用 17.0/5、17/5.0 或 17.0/5.0。

在程序中，如果两个整型变量 a 和 b 做除法运算，希望得到浮点数商，必须表示成 1.0*a/b，或者用强制类型转换（详见 5.11 节）。

5.2　字符型数据

程序中的数据，除了数值型数据（包括整型和浮点型），还有字符型及字符串数据。

在程序里，字符型数据同样是以变量和常量两种形式存在的。

字符型变量要用关键字 char 来定义。char 型变量占 1 个字节。

如果在程序里定义了一个字符型变量 c，它的值是大写字母字符 'A'，实际上并不是把该字符本身存放到内存单元中，而是将该字符的 ASCII（American Standard Code for Information Interchange，美国信息交换标准码）以二进制形式存放到存储单元中。例如，字符 'A' 的 ASCII 值为 65。ASCII 以及二进制，目前对同学们来说太难了，同学们了解即可。

既然字符型数据是以 ASCII 值存储的，它的存储形式就与整数的存储形式类似。因此，在 C++ 语言中，字符型数据和整型数据之间可以通用。一个字符型数据可以赋给一个整型变量，反之，一个整型数据也可以赋给一个字符型变量。

在给字符型变量赋值时，以及在一些涉及字符运算的表达式里，往往要用到字符型常量。用单引号括起来的一个字符就是字符型常量。如 'a'、'#'、'%'、'D' 都是合法的字符型常量，在内存中占一个字节。字符常量可以赋给一个 char 型变量或者整型变量。示例如下：

```
char c = 'E';
int a = 'A';   //变量a的值为65，即字符'A'的ASCII值
```

除了以上形式的字符常量，C++ 语言还允许使用一种特殊形式的字符型常量，就是以反斜线"\"开头的字符，这些字符型常量称为转义字符，表示将反斜线（\）后面的字符转换成另外的意义。例如，'\n' 代表"换行符"。

此外，在 C++ 语言中，用英文双引号括起来的字符序列（0 个、1 个或多个字符）是字符串，准确的说法是字符串常量。因此，'A' 是字符型常量，"A"、"Hello" 是字符串常量。注意，不能将一个字符串常量赋给一个 char 型的变量，哪怕字符串里只有一个字符也不行。

```
char c1 = "Hello";   //(×)不能将字符串常量赋给char型变量
char c2 = "A";       //(×)哪怕字符串里只有一个字符也不行
```

5.3　圆的周长及圆周率

我们知道，长方形的周长 =（长 + 宽）× 2，正方形的周长 = 边长 × 4。但是圆的周长应该怎么计算呢？古时候，人们就发现，无论圆多大，如图 5.1 所示，圆的周长除以圆的直径，得到的商是一样的，都是一个无限小数 3.1415926……一个数除以另一个数，得到的商，在数学上也称为**比率**、**比值**。因此，圆的周长除以圆的直径得到的商，称为**圆周率**，记作 π。

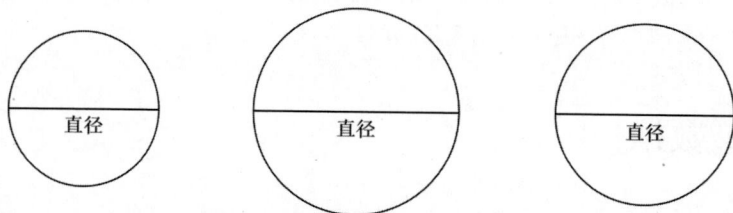

图 5.1　圆的周长与直径的关系

1500 多年前，我国古代数学家祖冲之计算出圆周率的值在 3.1415926 和 3.1415927 之间，是世界第一位将圆周率的值精确计算到第 7 位小数的科学家。

若将圆的直径记为 d，半径记为 r，周长记为 c，关于圆的周长、直径、半径，有以下公式：

$$\frac{c}{d} = \pi, \quad c = \pi \times d = 2 \times \pi \times r$$

计算圆的周长、面积，圆球的表面积和体积，都需要用到圆周率。

5.4　案例 1：求圆的周长和面积

【题目描述】

输入一个圆的直径 d，求圆的周长和面积。圆周率可以用 3.1415926。

【输入描述】

输入数据占一行，为一个正整数 d，$d \le 100$。

【输出描述】

输出数据占一行，为两个小数，用一个空格隔开，两个小数都保留小数点后面 4 位小数。

【样例输入】	【样例输出】
5	15.7080 19.6350

【题目分析】

为了求面积，需要计算出半径，即 $r = d/2.0$。注意，由于 d 是整型变量，因此必须用浮点数的除法，才能得到准确的答案。圆的面积为 $s = \pi \times r \times r$。

代码如下：

```cpp
#include <iostream>
#include <iomanip>   //iomanip: 实现格式控制的头文件
using namespace std;
int main( )
{
    int d;
    double c, s, pi = 3.1415926;   //周长，面积，圆周率
    cin >>d;
    double r = d/2.0;              //求出半径，不能用d/2
    c = pi*d;                      //计算周长
    s = pi*r*r;                    //计算面积
    cout <<fixed <<setprecision(4) <<c <<" " <<s <<endl;
    return 0;
}
```

【知识点】输出浮点数时指定精度

注意，实现格式控制需要包含头文件 iomanip，用了万能头文件就不用再包含这个头文件了。浮点数的精度控制比较复杂，对小学生，只要能对照以下例子按照题目要求的格式输出即可。

例子：`double a=123.456789012345;` // 对 a 赋初始值

（1）`cout <<a;` // 输出 123.457

（2）`cout <<setprecision(9) <<a;` // 输出 123.456789

（3）`cout <<setprecision(6);` // 恢复默认格式（精度为 6）

（4）`cout <<fixed <<a;` // 输出 123.456789

（5）`cout <<fixed <<setprecision(8) <<a;` // 输出 123.45678901

解析：第 1 行按默认格式输出（以小数形式输出，全部数字为 6 位）。第 2 行指定输出 9 位数字。第 3 行恢复默认格式，精度为 6。第 4 行指定以固定小数位输出，默认输出 6 位小数。第 5 行指定输出 8 位小数。其中，fixed 表示"固定的"，就是固定小数点的位置；set 是"设置"的意思，precision 是"精度"的意思，小数点后面位数越多越精确，因此精度的值就是指小数点后面的位数。

5.5 案例 2：3 件八五折

【题目描述】

某商家搞促销活动，一样商品买 3 件打八五折。输入商品的价格，求买 3 件需要花多少钱。

【输入描述】

输入数据占一行，为一个浮点数 a。

【输出描述】

输出占一行，为求得的答案，保留小数点后面两位小数。

【样例输入】	【样例输出】
72.5	184.88

【题目分析】

打八五折是乘以 0.85，因此本题的答案是 a*3*0.85，可以把答案保存到一个 double 型的变量 m 再输出。输出时要保留小数点后面两位小数。

代码如下：

```
#include <iostream>
#include <iomanip>
using namespace std;
```

```
int main( )
{
    double a;  cin >>a;
    double m = a*3*0.85;
    cout <<fixed <<setprecision(2) <<m <<endl;
    return 0;
}
```

5.6 案例3：输出字符菱形

【题目描述】

输入一个字符，用它构造一个对角线长 5 个字符的菱形。

【输入描述】

输入只有一行，包含一个字符。

【输出描述】

输出该字符构成的菱形。

【样例输入1】	【样例输出1】

```
+                              +
                             +++
                            +++++
                             +++
                              +
```

【样例输入2】	【样例输出2】

```
*                              *
                             ***
                            *****
                             ***
                              *
```

【题目分析】

与第 1 章中的案例 3 不同的是，本题要用输入的字符来构造菱形。因此，需要定义 char 型的变量 c，存储输入的字符，然后用 5 条 cout 语句输出每一行的字符。

代码如下：

```
#include <iostream>
using namespace std;
int main( )
{
```

```
        char c;  cin >>c;
        cout <<"  " <<c <<endl;
        cout <<" " <<c <<c <<c <<endl;
        cout <<c <<c <<c <<c <<c <<endl;
        cout <<" " <<c <<c <<c <<endl;
        cout <<"  " <<c <<endl;
        return 0;
}
```

5.7 练习 1：求阴影部分的面积

【题目描述】

如图 5.2 所示，已知一个圆的直径和一个正方形的边长相同，为正整数 a，圆是内嵌到正方形中的，求阴影部分的面积。圆周率可以用 3.1415926。

【输入描述】

输入数据占一行，为一个正整数 a，$a \leqslant 1000$。

【输出描述】

输出占一行，为求得的答案，保留小数点后面 2 位小数。

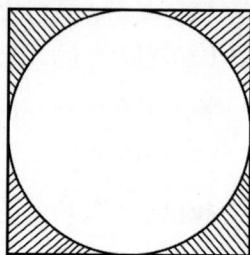

图 5.2 求阴影部分的面积

【样例输入】　　　　　　　　　　　　【样例输出】

10	21.46

【题目分析】

用正方形的面积减去圆的面积。正方形的面积为 $a \times a$。圆的直径为 a，面积 $= \pi \times \dfrac{a}{2} \times \dfrac{a}{2} = \pi \times a \times a / 4$。

代码如下：

```
#include <iostream>
#include <iomanip>
using namespace std;
int main( )
{
    int a;  cin >>a;
    double pi = 3.1415926;
    double ans = a*a - pi*a*a/4;
    cout <<fixed <<setprecision(2) <<ans <<endl;
    return 0;
}
```

5.8 练习2：小写字母变大写字母

【题目描述】

输入一个小写字母，转换成大写并输出。

【输入描述】

输入数据占一行，为一个字符。测试数据保证输入的字符为小写字母。

【输出描述】

输出数据占一行，为转换后的大写字母。

【样例输入】	【样例输出】
y	Y

【题目分析】

定义一个 char 型的变量 c，用来保存输入的字符。c-32 得到的就是相应的大写字母，但必须保存到另一个 char 型的变量 c1，最后输出 c1。代码如下：

```
#include <iostream>
using namespace std;
int main( )
{
    char c;  cin >>c;
    char c1 = c - 32;    //同一个字母，大写字母比小写字母"小"32
    cout <<c1 <<endl;
    return 0;
}
```

注意，以上程序如果用 cout <<c-32 <<endl; 语句输出，将会输出整数，因为会自动将字符型转换成整型。如果要用这种方式输出字符，需要强制转换成 char 型再输出，如 cout <<char(c-32) <<endl;。关于强制类型转换，详见 5.11 节。

5.9 练习3：输出后面第4个字母

【题目描述】

输入一个大写字母，输出它在字母表中后面第4个字母。例如，输入 A，则输出 E。

【输入描述】

输入数据占一行，为一个字符 c。测试数据保证输入的字符为大写字母。测试数据保证输入的大写字母不是 W、X、Y、Z。

【输出描述】

输出数据占一行，为 c 在字母表中后面第 4 个字母。

【样例输入】	【样例输出】
A	E

【题目分析】

定义一个 char 型的变量 c，用来保存输入的字符。本题的答案非常简单，就是 c+4。但不能直接输出 c+4，必须把 c+4 强制转换成 char 型再输出，即 char(c+4)。

代码如下：

```
#include <iostream>
using namespace std;
int main( )
{
    char c;  cin >>c;
    cout <<char(c+4) <<endl;
    return 0;
}
```

5.10 拓展阅读：基本的数据类型

C++ 提供了丰富的数据类型，如表 5.1 所示。

表 5.1 常用的基本数据类型

数据类型	类型标识符	所占字节数	取值范围
短整型	short [int]	2（16 位）	$-32768 \sim 32767$（$-2^{15} \sim 2^{15}-1$）
无符号短整型	unsigned short [int]	2（16 位）	$0 \sim 65535$（$0 \sim 2^{16}-1$）
整型	[signed] int	4（32 位）	$-2147483648 \sim 2147483647$（$-2^{31} \sim 2^{31}-1$）
无符号整型	unsigned int	4（32 位）	$0 \sim 4294967295$（$0 \sim 2^{32}-1$）
长整型	[signed] long long	8（64 位）	$-2^{63} \sim 2^{63}-1$
无符号长整型	unsigned long long	8（64 位）	$0 \sim 2^{64}-1$
单精度浮点型	float	4	绝对值最小为 1.18E-38，绝对值最大为 3.40E+38
双精度浮点型	double	8	绝对值最小为 2.23E-308，绝对值最大为 1.80E+308
高精度浮点型	long double	16	绝对值最小为 3.36E-4932，绝对值最大为 1.19E+4932
字符型	[signed] char	1	$-128 \sim 127$
	unsigned char	1	$0 \sim 255$
布尔型	bool	1	0 或 1（false 或 true）

注意，"类型标识符"列中的方括号表示可以省略，如 int 就是 signed int。

"所占字节数"表示编译器分配给对应类型的存储空间大小。字节是计算机里存储数据的基本单位，详见 2.11 节。"取值范围"规定了该类型数据取值的范围，如 short 类型，其

数据值只能是在 −32768 ～ 32767 中，若在运算过程中超过了对应数据类型的取值范围，会造成数据的溢出错误。请注意，数据的溢出在编译和运行时并不报错，经常会让程序员不知道哪儿发生了错误，所以需要特别细心和认真对待数据类型。

5.11 自动类型转换和强制类型转换

这里说的类型是指数据类型。C++ 语言有两种类型转换：自动类型转换和强制类型转换。

1. 自动类型转换

在表达式中经常会出现不同类型数据之间的运算，如 10+'a'+1.5-8765.1234*'b'。

不同类型的数据要先转换成同一类型，然后进行运算。其目的是尽量保证精度，不丢失数据。转换的原则是朝精度高的数据类型转换，如图 5.3 所示。自动类型转换是自动进行的。

横向向左的箭头表示必定的转换，例如，两个 float 型数据的运算也是要把它们都转换成 double 型再运算；两个 char 型数据进行运算，会将 char 型转换为 int 型再运算。

纵向的箭头表示当运算对象为不同的类型时转换的方向，例如，一个 int 型的数据加上一个 double 型的数据，先把 int 型的数据转换成 double 型，再相加。

假设一个圆的直径用整型变量 d 表示，要求它的半径 r，如果用表达式 r = d/2 去求，则结果是错的。因为 d 和 2 都是整数，不会进行自动类型转换。将表达式改成 r = d/2.0，结果就正确了，因为在执行运算 d/2.0 时，会把变量 d 自动转换成 double 型。

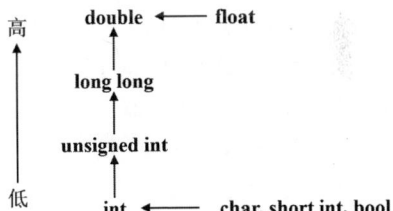

图 5.3　自动类型转换

2. 强制类型转换

除了自动类型转换，在有的时候，也需要将某种类型的数据强制转换成另一种类型。这种类型转换是通过强制类型转换运算符实现的，形式如下：

（类型名）（表达式）　或者：类型名 (表达式)

例如，对 3 除以 4，以下两种方法都可以得到商 0.75。

```
int a = 3, b = 4;
double d1 = 1.0*a/b,  d2 = (double)a/b;
```

自动类型转换就像小学生由二年级升入三年级、由三年级升入四年级，是"自动进行"的；强制类型转换就像有个小学生特别聪明，读完二年级后，跳级"强行"升入五年级。

5.12　基础知识练习（GESP 真题）

【选择题】

1. 常量 3.14 的数据类型是（　　　）。

A．double　　　　B．float　　　　C．void　　　　D．int

2. 常量 '3' 的数据类型是（　　）。

    A. int   B. char   C. bool   D. double

3. 如果用两个 int 类型的变量 a 和 b 分别表示直角三角形两条直角边的长度，则下列哪个表达式可以用来计算三角形的面积？（　　）

    A. a * b / 2   B. a / 2 * b

    C. 1 / 2 * a * b   D. a * b * 0.5

4. 常量 7.0 的数据类型是（　　）。

    A. double   B. float   C. void   D. int

5. 如果 a 和 b 为 int 类型的变量，且值分别为 7 和 2，则下列哪个表达式的计算结果不是 3.5 ？（　　）

    A. 0.0 + a / b   B. (a + 0.0) / b

    C. (0.0 + a) / b   D. a / (0.0 + b)

6. 定义变量 char c，下面对 c 赋值的语句，不符合语法的是（　　）。

    A. c = (char)66;   B. c = (char)(66);

    C. c = char(66);   D. c = char 66;

7. 执行 C++ 语句 cin >> a 时如果输入 5+2，下述说法正确的是（　　）。

    A. 变量 a 将被赋值为整数 7

    B. 变量 a 将被赋值为字符串，字符串内容为 5+2

    C. 语句执行将报错，不能输入表达式

    D. 依赖于变量 a 的类型。如果没有定义，会有编译错误

8. 下面关于整型变量 int x 的赋值语句不正确是（　　）。

    A. x=(3.16);   B. x=3.16;

    C. x=int(3.16);   D. x=3.16 int;

9. 下面 C++ 代码执行后的输出是（　　）。

```
float a;
a = 101.101;
a = 101;
printf("a+1={%.0f}",a+1);
```

    A. 102={102}

    B. a+1={a+1}

    C. a+1={102}

    D. a 先被赋值为浮点数，后被赋值为整数，执行将报错

10. 在 C++ 中，下列表达式错误的是（　　）。

    A. cout << "Hello,GESP!" << endl;

    B. cout << "a + b" << endl;

    C. cout << "2 + 3 = 5" << endl;

    D. cout << 'Hello,GESP!' << endl;

11. 有关下列 C++ 代码的说法，正确的是（　　）。

```
printf("Hello,GESP!");
```

A. 配对双引号内，不可以有汉字

B. 配对双引号可以相应改变为英文单引号而输出效果不变

C. 配对双引号可以相应改变为 3 个连续英文单引号而输出效果不变

D. 配对双引号可以相应改变为 3 个连续英文双引号而输出效果不变

12. 有关下列 C++ 代码的说法，错误的是（　　）。

```
printf("我爱码代码！");
```

A. 配对双引号内的汉字改为英文 "Hello"，C++ 代码能正确执行

B. 配对双引号内的汉字改为 "Hello 代码！"，C++ 代码能正确执行

C. 代码中的每个双引号，都可以改为两个单引号

D. 代码中的每个双引号，都可以改为 3 个双引号

【判断题】

1. "A" 是一个字符常量。　　　　　　　　　　　　　　　　　　　　　　　（　　）

2. 3.0 是一个 int 类型常量。　　　　　　　　　　　　　　　　　　　　　（　　）

3. 表达式 (6.0 / 3.0) 的计算结果为 2，且结果类型为 int 类型。　　　　（　　）

4. '3' 是一个 int 类型常量。　　　　　　　　　　　　　　　　　　　　　（　　）

5. 表达式 (3.5*2) 的计算结果为 7.0，且结果类型为 double。　　　　　　（　　）

6. 在 C++ 中，表达式 int(3.14) 的值为 3。　　　　　　　　　　　　　　（　　）

7. 在 C++ 中，表达式 ('1'+'1') 的值为 '2'。　　　　　　　　　　　　　（　　）

8. 在 C++ 中，表达式 "10"*2 执行时将报错，因为 "10" 是字符串类型而 2 是整数类型，
它们数据类型不同，不能在一起运算。　　　　　　　　　　　　　　　　（　　）

9. 在 C++ 中，3.0 和 3 的值相等，所以它们占用的存储空间也相同。　　（　　）

10. 在 C++ 中，变量 X 被赋值为 16.44，则 cout<<X/10 执行后输出的一定是 1。（　　）

11. C++ 的整型变量 N 被赋值为 10，则语句 cout << N / 4 << "->" << N % 4 << "->" <<
N / 4.0; 执行后输出是 2->2->2.0。　　　　　　　　　　　　　　　　（　　）

12. 定义 C++ 的 float 型变量 N，则语句 cin >> N; cout << int(float(N)); 可以输
入正负整数和浮点数，并将其转换为整数后输出。　　　　　　　　　　（　　）

13. N 是 C++ 程序中的整型变量，则语句 scanf("%d", &N); 能接收形如正整数、负整
数和 0 输入，但如果输入含字母或带小数点数，将导致无法执行。　　（　　）

14. 执行如下 C++ 代码如果在键盘上输入 10，执行后将输出 20。　　　　（　　）

```
char N;
printf("请输入正整数：");
cin >> N;
printf("%d\n", N * 2);
```

15. 在 C++ 中，定义整型变量 N，执行语句 scanf("%d", &N); cout << N / 3 * 5;
时输入 3.6，则输出是 6。　　　　　　　　　　　　　　　　　　　　　（　　）

第6章 程序控制结构及顺序结构

本章主要内容

- 以吃午餐为例引出程序流程的概念。
- 介绍算法的概念，算法就是用计算机程序求解问题的步骤。
- 介绍流程、程序控制结构的概念，以及最简单的程序控制结构——顺序结构。

6.1 吃午餐的流程

同学们，上学的时候，你们是在学校吃午餐的吧？其实，吃午餐蕴含着丰富的"程序流程"知识。例如，某学校吃午餐是按如下步骤和顺序进行的。

（1）取饭盒。

（2）在教室门口排队。

（3）全班排队去食堂。

（4）排队打饭和打菜。

（5）找座位。

（6）吃饭。

（7）全班排队回教室。

具体到打菜这个步骤，有些菜你喜欢吃，有些菜你不喜欢吃，那么打菜的时候就要做出选择。当然喜欢和不喜欢是模棱两可的，我们可以引入一个量，表示喜欢吃某个菜的程度，取值为 0 ～ 100，喜欢的程度大于 50，就打这个菜；否则就不打这个菜。

坐下来吃饭的时候，一盒饭菜不是一口就吃完了，而是一口一口地吃，这里就包含了重复的动作，这对应到程序里的循环。我们提倡"光盘"，所以打饭菜时要适量，吃饭时要吃完饭盒里的饭菜为止。

借助图形化编程（Scratch）中的积木，可以清晰地表示出吃午餐的总流程、打某个菜的流程、吃饭的流程，如图 6.1（a）～图 6.1（c）所示。

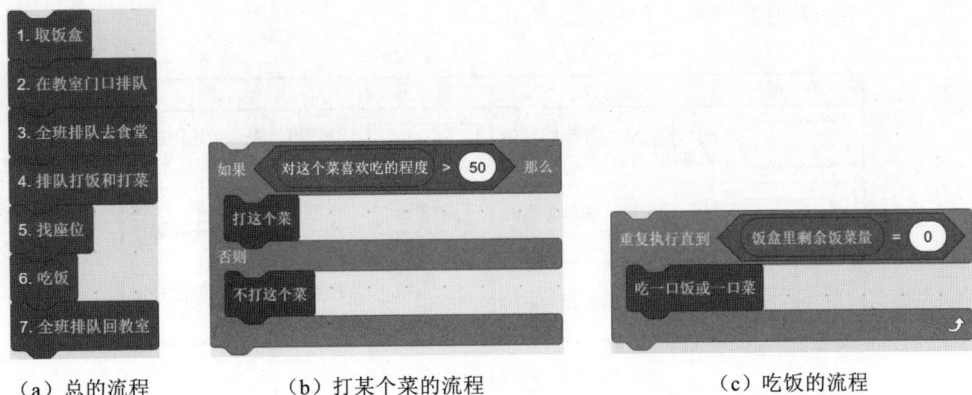

（a）总的流程　　　（b）打某个菜的流程　　　（c）吃饭的流程

图 6.1　吃午餐的流程（1）

6.2　算法就是求解问题的步骤

算法就是求解问题、完成任务的步骤。算法必须具体地指出在执行时每一步应当怎么做。

由两个或更多的步骤，完成一个完整的任务的过程，称为**流程**。

前面"吃午餐"的 7 个步骤就构成了一个算法。

本书主要讨论计算机领域的算法，因此**算法就是用计算机程序求解问题的步骤**。

6.3　3 种基本的程序控制结构

算法步骤构成的结构称为**程序控制结构**。有 3 种基本的程序控制结构：**顺序结构、分支结构**（也称为**选择结构**）、**循环结构**。第 6 章介绍顺序结构，第 7、9 章介绍分支结构，第 10、11 章介绍循环结构。多种程序控制结构甚至可以一个套另一个，这就是程序控制结构的嵌套，将在第 9 章和第 12 章介绍。

最常见、也最简单的程序控制结构是顺序结构。**顺序结构**是指程序的代码自上而下，依次执行，没有其他分支。

例如，"吃午餐"的总流程就是一个顺序结构，如图 6.1（a）所示。

又如，"把大象放冰箱"的流程也是顺序结构。第 1 步，把冰箱门打开；第 2 步，把大象装进去；第 3 步，把冰箱门关上。

其实在第 1 ~ 5 章中，所有案例程序都是顺序结构。

图 6.1（b）所示为分支结构，图 6.1（c）所示为循环结构。

6.4　流程图的规范表示

图 6.1 用 Scratch 中的积木来表示流程，这并不规范。为了规范地描述流程图，计算机

科学家规定了一些常用的符号，如图6.2所示。

符 号	含 义	符 号	含 义
⬭	起止框，表示算法的开始或结束	▭	处理框，表示初始化或赋值等操作
▱	输入输出框，表示数据的输入输出操作	◇	判断框，表示根据一个条件决定执行两种不同操作中的其中一个
↓	流程线，表示流程的方向	○	连接点，用于流程的分页连接

图6.2 流程图基本符号

因此，表示流程的一般方法如下。

（1）用圆角矩形表示流程的开始和结束。

（2）用矩形表示操作。

（3）用平行四边形表示输入输出。

（4）用菱形表示条件判断。

（5）带箭头的直线表示流程的走向。

用图6.2中的符号来表示吃午餐的流程，如图6.3（a）～图6.3（c）所示。

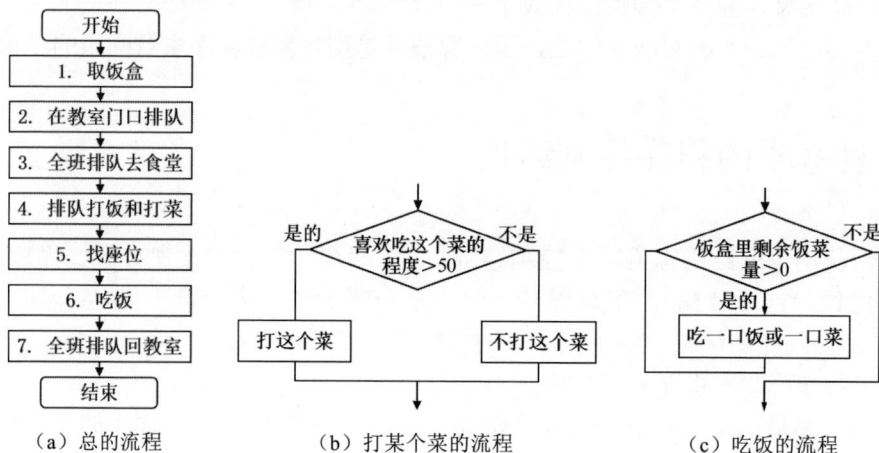

（a）总的流程　　（b）打某个菜的流程　　（c）吃饭的流程

图6.3 吃午餐的流程（2）

6.5 案例1：体质指数计算

【题目描述】

身体质量指数（BMI），简称体质指数，是国际上常用的衡量人体胖瘦程度以及是否健康的一个标准。计算BMI的表达式为

$$体质指数\ t = 体重\ w\ /\ (身高\ h)^2 \qquad (w\ 的单位是\ kg，h\ 的单位是\ m)$$

根据输入的某人的体重 w 和身高 h，计算出"体质指数"。

【输入描述】

输入占一行，为两个大于 0 的浮点数，用空格隔开，分别表示体重和身高。

【输出描述】

输出占一行，为求得的体质指数，保留小数点后 2 位数字。

【样例输入】　　　　　　　　　　　【样例输出】

70 1.72　　　　　　　　　　　　　23.66

【题目分析】

本题求解步骤如下。

（1）输入体重和身高。

（2）求体质指数 t。

（3）输出体质指数。

求体质指数的流程如图 6.4 所示。显然，这是一个顺序结构。

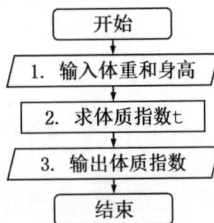

代码如下：

图 6.4　求体质指数的流程

```
#include <iostream>
#include <iomanip>
using namespace std;
int main( )
{
    double w, h, t;
    cin >>w; cin >>h;
    t = w/(h*h);
    cout <<fixed <<setprecision(2) <<t <<endl;
    return 0;
}
```

6.6　案例 2：摄氏温度转华氏温度

【背景知识】

温度有两种不同的表示方法，摄氏温度和华氏温度。我们通常所说的室温 26 度、体温 37.2 度，都是指摄氏温度。摄氏温度 C 和华氏温度 F 的转换公式：$F = 1.8 \times C + 32$。

【题目描述】

输入摄氏温度，转换成华氏温度并输出。

【输入描述】

输入占一行，为一个浮点数，表示摄氏温度，范围为 [-20, 100]。

【输出描述】

输出占一行，为转换后的华氏温度，保留小数点后 2 位数字。

【样例输入】	【样例输出】
37.2	98.96

【题目分析】

本题求解步骤如下。

（1）输入摄氏温度。

（2）将摄氏温度转换成华氏温度。

（3）输出转换后的华氏温度。

代码如下：

```cpp
#include <iostream>
#include <iomanip>
using namespace std;
int main( )
{
    double c, f;  cin >>c;
    f = 1.8*c + 32;
    cout <<fixed <<setprecision(2) <<f <<endl;
    return 0;
}
```

6.7　案例 3：分苹果

【题目描述】

n 个苹果分给 m 个人，分到苹果数最多的那个人，至少能分到多少个苹果？例如，20 个苹果分给 3 个人，分到苹果数最多的那个人，至少会分到 7 个苹果。

【输入描述】

输入数据占一行，为两个正整数 n 和 m，$10 \leqslant n \leqslant 100$，$2 \leqslant m \leqslant 10$。测试数据保证，$n$ 不是 m 的倍数。

【输出描述】

输出数据占一行，为求得的答案。

【样例输入】	【样例输出】
20 3	7

【题目分析】

本题需要用到抽屉原理。先将 n 个苹果平均分，每个人能分到 n/m 个苹果，题目保证

n 不是 m 的倍数，所以还会多出 n%m 个苹果，把多出来的苹果再分给 n 个人中的某些人，每个人分 1 个。这种分法，会使得分到苹果数最多的那个（些）人，分到的苹果数是最少的，为 n/m+1 个。因此本题求解步骤如下。

（1）输入 n 和 m 的值。

（2）输出答案为 n/m + 1。

代码如下：

```
#include <iostream>
using namespace std;
int main( )
{
    int n, m;
    cin >>n >>m;
    cout <<n/m + 1 <<endl;
    return 0;
}
```

6.8 练习1：顺流而下和逆流而上

【题目描述】

暑假到了，某景区推出了漂流项目。假设小船的速度和水流的速度是匀速的，且是恒定的。现在已知小船顺流而下和逆流而上的速度分别为 u 和 v（均为整数，且 $u>v$，单位是什么不重要），求小船的速度 a 和水流的速度 b。

【输入描述】

输入数据占一行，为两个正整数 u 和 v，用空格隔开。

【输出描述】

输出数据占一行，为求得的小船的速度 a 和水流的速度 b，用一个空格隔开。测试数据保证求得的 a 和 b 均为整数。

【样例输入】	【样例输出】
7 5	6 1

【题目分析】

根据题意，有 a+b=u、a-b=v，从而可以求出 a=(u+v)/2、b=(u-v)/2。因此本题求解步骤如下。

（1）输入 u 和 v 的值。

（2）求出 a 和 b 的值。

（3）输出 a 和 b 的值。

代码如下：

```
#include <iostream>
using namespace std;
int main( )
{
    int u, v;  cin >>u >>v;
    int a = (u+v)/2;
    int b = (u-v)/2;
    cout <<a <<" " <<b <<endl;
    return 0;
}
```

6.9 练习 2：角度和弧度的转换

【题目描述】

在数学上，度量一个角的大小，有两种单位，角度和弧度。直角是 90 度、平角是 180 度、等边三角形每个内角是 60 度，这些量的单位都是角度。一周 360 度，换算成弧度就是 2π。因此角度和弧度的换算关系：弧度 $= 2\pi \times$ 角度 $/360$。在本题中，π 可以取 3.1415926。

【输入描述】

输入数据占一行，为一个正整数 a，表示一个角的大小，单位是角度，$a \leqslant 1000$。

【输出描述】

输出数据占一行，为转换后的弧度，是一个浮点数，要求保留小数点后面两位小数。

【样例输入 1】	【样例输出 1】
360	6.28

【样例输入 2】	【样例输出 2】
100	1.75

【题目分析】

按题目中的公式转换即可。因此本题求解步骤如下。

（1）输入角度 a 的值。

（2）求出弧度 r 值。

（3）输出 r 的值，保留小数点后面两位小数。

代码如下：

```
#include <iostream>
#include <iomanip>
using namespace std;
```

```cpp
int main( )
{
    int a;  cin >>a;
    double r = 2*3.1415926*a/360;
    cout <<fixed <<setprecision(2) <<r <<endl;
    return 0;
}
```

6.10 练习 3：预测孩子身高

【题目描述】

假设有如下方法，请根据父母身高，预测他们孩子的身高。

男孩身高（厘米）=（父亲身高 + 母亲身高）× 1.08 / 2

女孩身高（厘米）=（父亲身高 + 0.923 × 母亲身高）/ 2

从键盘上输入父母的身高（单位：厘米），分别输出男孩和女孩的身高，保留小数点后一位数字。

【输入描述】

输入占一行，为两个正整数，用空格隔开，分别表示父亲和母亲的身高（单位：厘米）。

【输出描述】

输出占一行，为男孩和女孩的身高（单位：厘米），保留小数点后一位数字，用空格隔开。

【样例输入】   【样例输出】

170 165   180.9 161.1

【题目分析】

本题求解步骤如下。

（1）输入父母身高。

（2）求男孩和女孩的身高。

（3）输出男孩和女孩的身高，保留小数点后面一位小数。

代码如下：

```cpp
#include <iostream>
#include <iomanip>
using namespace std;
int main( )
{
```

```
    double f, m;                        //父母的身高
    double s, d;                        //儿女的身高
    cin >>f >>m;
    s = (f + m)*0.54;
    d = 0.5*(f + 0.923*m);
    cout <<fixed <<setprecision(1) <<s <<" " <<d <<endl;
    return 0;
}
```

6.11 计算机小知识：3 种基本的程序控制结构

同学们，3 种基本的程序控制结构并不是 C++ 语言特有的。事实上，几乎每种编程语言都支持 3 种基本的程序控制结构。这些程序控制结构是**结构化程序设计**的核心内容。结构化程序设计是软件设计的第三次革命。

1966 年，伯姆（Böhm）和亚科皮尼（Jacopini）提出了 3 种基本的程序控制结构，用这 3 种基本结构作为表示一个良好算法的基本单元。这 3 种基本的程序控制结构就是顺序结构、分支结构、循环结构。

面向对象程序设计是另一种程序设计方法。面向对象程序设计以对象为核心，该方法认为程序由一系列对象组成，对象是组成程序的基本模块。

常见的编程语言中，C 语言是面向过程的编程语言，C++、Java、Python 是面向对象编程语言。

6.12 基础知识练习（GESP 真题）

【选择题】

1. 下列不属于面向对象编程语言的是（　　　）。
    A. C   B. C++   C. Java   D. Python
2. 小杨父母带他到某培训机构给他报名参加 CCF 组织的 GESP 认证考试的一级，他可以选择的认证语言有几种？（　　）
    A. 1   B. 2   C. 3   D. 4

【判断题】

1. 程序员用 C、C++、Python、Scratch 等编写的程序能在 CPU 上直接执行。　　　（　　）
2. GESP 测试是对认证者的编程能力进行等级认证，同一级别的能力基本上与编程语言无关。　　　（　　）
3. 小杨最近开始学习 C++ 编程，听老师说，C++ 是一门面向对象的编程语言，也是一门高级语言。　　　（　　）

第 7 章　分支结构——if 语句

本章主要内容

- 介绍实现条件判断的分支结构，包括单分支、双分支和多分支。
- 介绍 C++ 语言中的 if 语句。
- 介绍求一组数最大值（或最小值）的方法。
- 介绍语句块、逗号运算符和逗号表达式。
- 介绍条件运算符和条件表达式。

7.1　学会比较和判断

同学们，在日常生活中，我们经常遇到需要进行比较和判断的情况，如下所示。

（1）这次考试，如果数学成绩比语文成绩高，那么接下来我要在语文上多花点时间了。

（2）如果身高超过 120 厘米，坐火车就要买半价票；否则，就是没有超过 120 厘米，就不用买票。

（3）高速公路限速 120km/h。"码"在生活中表示速度的单位千米每小时，其实是不规范的。如果爸爸开车，车速超过 120km/h，可能就要收到罚单了。

（4）如果两个小朋友出生日期是一样的，他们可能是双胞胎；否则就不可能是双胞胎。

（5）如果今天的气温和昨天的气温差不多，我就不加衣服也不减衣服；否则我就要考虑多穿一件衣服或少穿一件衣服了。

（6）如果一个整数 a 除以另一个整数 b，得到的余数为 0，那么 a 就是 b 的倍数；否则，a 就不是 b 的倍数。

7.2　实现判断的 if 语句

在程序中，判断要通过**分支结构**（也称为**选择结构**）来实现。在 C++ 语言中，分支结构是用 if 语句实现的。

根据条件判断的分支数，if 语句有如下 3 种形式。

（1）单分支的 if 语句：if…，当条件不满足时，不执行任何操作。

（2）双分支的 if 语句：if…else…，相当于"如果……；否则……"。

（3）多分支的 if 语句：if…else if…else…，其中 else if 可以有多个。

另外，在 C++ 语言中，switch 语句也可以实现多分支结构。

本章介绍单分支和双分支的 if 语句，第 9 章介绍多分支 if 语句和 switch 语句。

表 7.1 列出了 3 种形式的 if 语句，对语法格式、执行过程等做了对比，并给出了实例。

表 7.1 if 语句的 3 种形式

比较项	形式一	形式二	形式三
语法格式	if(表达式)语句	if(表达式)语句 1 else 语句 2	if(表达式1)语句 1 else if(表达式2)语句 2 else if(表达式3)语句 3 … else if(表达式 m)语句 m else 语句 $m+1$
执行过程	先计算表达式，如果表达式的值为真（不为 0），则执行 if 结构中的语句，否则不执行。其流程如图 7.1（a）所示	先计算表达式，如果表达式的值为真（不为 0），则执行语句 1，否则执行语句 2。其流程如图 7.1（b）所示	先计算表达式 1，如果表达式的值为真（即不为 0），则执行语句 1，整个 if 结构执行完毕；如果表达式 1 的值为假（0），则继续判断表达式 2 的值是否为真，如果为真，则执行语句 2，整个 if 结构执行完毕；如果表达式 2 的值为假（0），则继续判断表达式 3……如果表达式 m 的值为真，执行语句 m；否则执行语句 $m+1$。其流程如图 7.1（c）所示

例子	if(x>y)
	　　cout <<x <<endl;
		if(x>y)
		　　cout <<x <<endl;
		else
		　　cout <<y <<endl;
			if(r==1) d = 0.98;
			else if(r==2) d = 0.88;
			else if(r==3) d = 0.78;
			else d = 0.68;

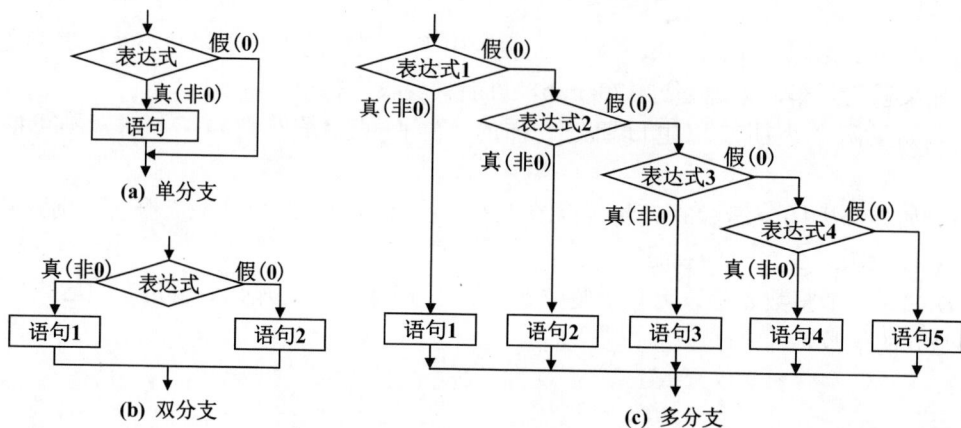

图 7.1　3 种 if 语句的流程

7.3　案例 1：求 4 个分数的最高分

【题目描述】

输入 4 个学生的分数，求他们的最高分。

【输入描述】

输入数据占一行，为 4 个正整数 *a*、*b*、*c*、*d*，用空格隔开，其中 *a*、*b*、*c*、*d* 均小于等于 100。

【输出描述】

输出数据占一行，为求得的答案。

【样例输入】	【样例输出】
90 88 98 95	98

【题目分析】

在程序中经常需要求两个数、3 个数甚至多个数的最大值（或最小值）。可以采用"摆擂台"的思想实现。具体方法：定义变量 mx，初始值为第一个数；然后将剩下的每个数都跟当前 mx 的值进行比较，如果该数比 mx 的值大，则将 mx 的值更新为该数；最后求得的 mx 就是所有数的最大值。本题的完整流程如图 7.2 所示。

代码如下：

```cpp
#include <iostream>
using namespace std;
int main( )
{
    int a, b, c, d;
    cin >>a >>b >>c >>d;
    int mx = a;     //先假定第一个分数是最高分
    // 接下来逐一对 b、c、d 和 mx 比大小，取较大者
    if(b>mx)   mx = b;
    if(c>mx)   mx = c;
    if(d>mx)   mx = d;
    cout <<mx <<endl;
    return 0;
}
```

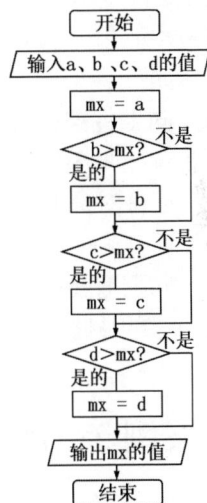

图 7.2 求 4 个分数最高分的流程

注意，以上程序中 3 个 if 语句是独立的，它们都是单分支的 if 语句，如图 7.2 所示，相互之间没有联系，不能合并成 if…else…。

从图 7.2 可以看出，有时绘制一个程序的流程图是非常麻烦的，甚至比写代码还烦琐。所以，流程图主要用于帮助初学者理解程序的逻辑，并非求解每道题目都要画流程图。

7.4 向上取整和向下取整

对一个浮点型数据，截取它的整数部分，称为**取整**。

取整有两种，**向上取整**和**向下取整**。以 3.14 为例，向上取整得到 4，向下取整得到 3。

在 C++ 语言里，向上取整可以用 ceil 函数实现，向下取整可以用 floor 函数实现。但是，目前我们还没学过怎么调用这些数学函数。所以我们先用其他方法。

假设有两个浮点数 a 和 b，要对 a/b 的结果向下取整，很容易实现，只需要将 a/b 赋给一个整型变量。详见以下代码。

```
int k = a/b;  //a、b是浮点型，将a/b的结果向下取整
```

但如果要对 a/b 的结果向上取整就比较麻烦了。直接将 a/b 加 1，再赋给一个 int 型变量，可以吗？大部分时候是对的，但如果 a 刚好是 b 的倍数，这时将 a/b 加 1 就不对了。由于判断浮点数 a 是否为 b 的倍数不能用取余运算，所以要对 a/b 的结果向上取整，实现起来比较麻烦。

但是，如果 c 和 d 是整数，要将 c/d 的准确结果向上取整和向下取整，有更简便的做法，具体如下。

（1）**向上取整**：(c+d-1)/d，c 加上 (d-1)，再除以 d，这里用的是整数除法，能保证结果是向上取整。例如，c = 17，d = 5，在数学上 c 除以 d 的准确结果是 3.4，向上取整是 4，而 (17+5-1)/5 = 4；c = 15，d = 5，在数学上 c 除以 d 的准确结果是 3，向上取整还是 3，而 (15+5-1)/5 = 3。

（2）**向下取整**：c/d 的结果为整数，就是"向下取整"。

7.5 节要用到整数除法的向上取整方法。

7.5 案例 2：计算邮资（GESP 真题）

【题目描述】

快递行业为现在的社会提供了极大的方便，促进了社会的极大发展。当我们自己需要邮寄一些东西的时候，就需要知道邮费的计算规则才行，邮费是根据邮件的重量和用户是否选择加急计算的。计算规则如下：重量在 1000 克以内（包含 1000 克），基本费 8 元；超过 1000 克的部分，每 500 克加收超重费 4 元，不足 500 克部分按 500 克计算；如果用户选择加急，多收 5 元。

【输入描述】

输入一行，包含整数和一个字符，以一个空格分开，分别表示重量（单位为克）和是否加急。如果字符是 y，表示选择加急；如果字符是 n，表示不加急。

【输出描述】

一行，包含一个整数，表示邮费。

【样例输入】	【样例输出】
1200 y	17

【题目分析】

定义变量 *m*，存储邮费。初始值为基础邮费，即 8 元。如果重量 *n*>1000，还要加上超

重的费用。计算方法是，先求出超过 1000 克的部分，有多少个 500 克，不足 500 克部分按 500 克计算，即求 $\left\lceil \dfrac{n-1000}{500} \right\rceil$，$\lceil\ \rceil$ 表示向上取整；然后把向上取整的结果乘以 4，就是超重的费用。这需要通过一个单分支的 if 语句实现，因为条件不满足费用不增加。

　　然后判断输入的字符是否为 'y'，如果是，还要加上加急的费用，这也需要用一个单分支的 if 语句实现。

　　整个程序的流程如图 7.3 所示。从图 7.3 可以看出，本题中的两个单分支 if 语句一前一后，是相互独立的。甚至这两个单分支 if 语句调换一下顺序，计算结果也是对的。

　　代码如下：

图 7.3　计算邮资的流程

```cpp
#include <iostream>
using namespace std;
int main(  )
{
    int n;                  //重量
    char c;                 //是否加急
    cin >> n >> c;
    int m = 8;              //基础邮费
    if (n > 1000)           //超重邮费
        m += (n - 1000 + 499) / 500 * 4;
    if (c == 'y')           //加急邮费
        m += 5;
    cout << m << endl;  //输出总邮资
    return 0;
}
```

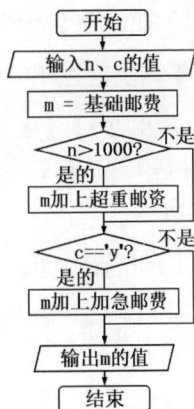

7.6　案例 3：买文具（GESP 真题）

【题目描述】

　　开学了，小明来到文具店选购文具。签字笔 2 元一支，他需要 x 支；记事本 5 元一本，他需要 y 本；直尺 3 元一把，他需要 z 把。小明手里有 q 元钱。请你通过编程帮小明算算，他手里的钱是否够买他需要的文具。

【输入描述】

　　输入 4 行。

　　第一行包含一个正整数 x，是小明购买签字笔的数量。约定 $1 \leqslant x \leqslant 10$。

　　第二行包含一个正整数 y，是小明购买记事本的数量。约定 $1 \leqslant y \leqslant 10$。

　　第三行包含一个正整数 z，是小明购买直尺的数量。约定 $1 \leqslant z \leqslant 10$。

第四行包含一个正整数 q，是小明手里的钱数（单位：元）。

【输出描述】

输出 2 行。如果小明手里的钱够买他需要的文具，则第一行输出 Yes，第二行输出小明剩下的钱数（单位：元）；否则，第一行输出 No，第二行输出小明缺少的钱数（单位：元）。

【样例输入 1】   【样例输出 1】

```
1                                    Yes
1                                    10
1
20
```

【样例输入 2】   【样例输出 2】

```
1                                    No
1                                    5
1
5
```

【题目分析】

题目里出现的一些量，如果用的是大写字母，考虑到低年级学生输入大写字母不方便，在程序中可以用小写字母。因此定义 x、y、z、q，分别表示签字笔的数量、记事本的数量、直尺的数量和钱的金额。然后定义变量 s，表示购买 3 种文具的价格，计算出 s 为 s = x*2 + y*5 + z*3。

最后判断 s 和 q 的关系。如果 s<=q，输出 Yes，再输出剩下的钱数 q-s；否则输出 No，再输出缺少的钱数 s-q。所以本题需要用双分支的 if 语句实现，其流程如图 7.4 所示。

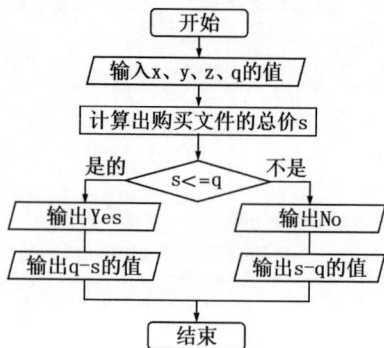

图 7.4 买文具的流程

代码如下：

```cpp
#include <iostream>
using namespace std;
int main( )
{
    int x, y, z, q;
    cin >>x >>y >>z >>q;
    int s = x*2 + y*5 + z*3;
    if(s<=q){   //用花括号括起来的语句构成了一个语句块
        cout <<"Yes" <<endl;
        cout <<q-s <<endl;
    }
    else{
```

```
        cout <<"No" <<endl;
        cout <<s-q <<endl;
    }
    return 0;
}
```

7.7 语句块、逗号表达式

注意，在 7.6 节中，if 分支和 else 分支都有两条语句，需要用花括号括起来，构成一个**语句块**，也称为**复合语句**。如果不用花括号括起来，则有语法错误，编译通不过。

有的时候，为了避免在分支结构和今后学的循环结构中加花括号，可以使用逗号运算符将多条语句连接起来。

逗号运算符 "," 没有特别的含义，只是用于将多个表达式连接起来。其使用形式如下：

```
表达式1，表达式2，表达式3, …
```

用逗号运算符连接而成的表达式称为逗号表达式。逗号运算符又称为"顺序求值运算符"，这是因为逗号表达式的求解过程是先求解表达式 1，再求解表达式 2……。但要注意，整个逗号表达式的值是最后一个表达式的值。另外，逗号运算符的优先级是最低的。

在实际编程时，为了压缩代码篇幅（称为压行），通常在分支结构或循环结构中用逗号将多条较短的代码连接起来。详见以下代码：

```
if(...)
    表达式1，表达式2，表达式3;        //如果用分号就必须用花括号括起来
else
    表达式4，表达式5;                //如果用分号就必须用花括号括起来
```

注意，break 语句、continue 语句、return 语句不能出现在逗号表达式中。break 语句和 continue 语句的相关内容，参见第 13 章。

7.8 条件运算符与条件表达式

如果在 if 语句中，当条件为"真"和"假"时，都执行一个赋值语句且给同一个变量赋值，则可以用简单的条件运算符和条件表达式来表达。例如，若有以下 if 语句：

```
if( a>b )   mx = a;
else  mx = b;
```

则可以用**条件运算符** (? :) 和**条件表达式**来表达：

```
mx = (a>b) ? a : b;
```

其中 (a>b) ? a : b 是一个"条件表达式"。它是这样执行的：如果条件 (a>b) 为真，

则条件表达式的值就取 ":" 前面的值，即条件表达式的值为 a；否则条件表达式的值为 ":" 后面的值，即 b。

条件运算符要求有 3 个操作对象，称为三目运算符，它是 C/C++ 中唯一的三目运算符。条件表达式的一般形式如下：

```
表达式 1 ？ 表达式 2：表达式 3
```

条件运算符的执行顺序：先求解表达式 1，若为非 0（真）则求解表达式 2，此时表达式 2 的值就作为整个条件表达式的值；若表达式 1 的值为 0（假），则求解表达式 3，表达式 3 的值就是整个条件表达式的值。

条件运算符优先于赋值运算符，因此表达式 mx = (a>b) ? a：b 的求解过程如下：先求解条件表达式，其值为 a 和 b 二者中的较大者；再将该值赋给 mx。

7.9　练习 1：当天的第几秒（GESP 真题）

【题目描述】

小明刚刚学习了小时、分和秒的换算关系。他想知道一个给定的时刻是这一天的第几秒，你能编写一个程序帮帮他吗？

【输入描述】

输入一行，包含 3 个整数和一个字符。3 个整数分别表示时刻的时、分、秒；字符有两种取值，大写字母 A 表示上午，大写字母 P 表示下午。

【输出描述】

输出一行，包含一个整数，表示输入时刻是当天的第几秒。

【样例输入 1】	【样例输出 1】
0 0 0 A	0

【样例输入 2】	【样例输出 2】
11 59 59 P	86399

【题目分析】

先按上午计算出 h 小时 m 分 s 秒，折算成秒数是 h * 3600 + m * 60 + s。然后判断输入的字符是否为 'P'，如果是，还要加上 12 小时的秒数，这需要用单分支的 if 语句实现。

代码如下：

```cpp
#include <iostream>
using namespace std;
int main( )
{
```

```
    int h, m, s;
    char noon;
    cin >> h >> m >> s >> noon;
    int sec = h * 3600 + m * 60 + s;  // 计算秒数
    if (noon == 'P')  // 下午还要加上12小时的秒数
        sec += 12 * 3600;
    cout << sec << endl;  // 输出秒数
    return 0;
}
```

7.10 练习 2：水仙花数（GESP 真题）

【题目描述】

今天小明在看书的时候发现了一个非常有意思的名字——水仙花数。水仙花本来是一种花啊，怎么又成为一种数了呢？好奇心驱使之下，小明上网搜索了一下。原来，水仙花数又称阿姆斯特朗数，也被称为超完全数字不变数。如果一个三位数，它的每个数位上的数字的 3 次幂之和等于它本身，那么这个三位数就是一个水仙花数，例如 $153 = 1^3 + 5^3 + 3^3$。现在，请你判断一个数是不是水仙花数。

【输入描述】

输入为一行，包含 3 个数字 a、b、c，$0 \leqslant a,b,c \leqslant 9$，且 $a \neq 0$。

【输出描述】

如果 a、b、c 组成的三位数 abc 是一个水仙花数，则输出 Yes，否则输出 No。

【样例输入 1】	【样例输出 1】
1 5 3	Yes

【样例输入 2】	【样例输出 2】
1 0 0	No

【题目分析】

在本题中，一个三位数的百位、十位、个位是单独输入的。定义变量 a、b、c，分别存储百位、十位、个位上的数字。先计算出三位数字的立方和，存储在变量 s。再利用 a、b、c 组成的三位数构造出来，即 a * 100 + b * 10 + c，存储在变量 num。最后只需要判断 s 和 num 是否相等，分别输出 Yes 和 No，这需要用双分支的 if 语句实现。

代码如下：

```
#include <iostream>
using namespace std;
```

```
int main( )
{
    int a = 0, b = 0, c = 0;
    cin >> a >> b >> c;
    int s = a * a * a + b * b * b + c * c * c;   //三位数字的立方和
    int num = a * 100 + b * 10 + c;   //这三位数字组成的三位数
    if (s == num)
        cout << "Yes" << endl;
    else
        cout << "No" << endl;
    return 0;
}
```

7.11　练习 3：温度转换（GESP 真题）

【题目描述】

小杨最近学习了开尔文温度、摄氏温度和华氏温度的转换。令符号 K 表示开尔文温度，符号 C 表示摄氏温度，符号 F 表示华氏温度，这三者的转换公式如下：

$$C = K - 273.15$$
$$F = C \times 1.8 + 32$$

现在小杨想编写一个程序计算某一开尔文温度对应的摄氏温度和华氏温度，你能帮帮他吗？

【输入描述】

一行，一个实数 K，表示开尔文温度。

【输出描述】

一行，若输入开尔文温度对应的华氏温度高于 212，输出 Temperature is too high!。
否则，输出两个由空格分隔的实数 c 和 f，分别表示摄氏温度和华氏度，保留两位小数。

【数据范围】

$0 < K < 105$。

【样例输入 1】	【样例输出 1】
412.00	Temperature is too high!

【样例输入 2】	【样例输出 2】
173.56	-99.59 -147.26

【题目分析】

定义变量 k、c、f，分别表示开尔文温度、摄氏温度和华氏温度。k 的值是从键盘输入的，根据题目中的公式计算出 c = k − 273.15、f = 32 + c * 1.8。然后用 **if** 语句判断，如果 f>212，输出 Temperature is too high!，否则输出 c 和 f 的值。

代码如下：

```cpp
#include <iostream>
#include <iomanip>
using namespace std;
int main( )
{
    double k;  cin >>k;
    double c = k - 273.15;
    double f = 32 + c * 1.8;
    if (f > 212)
        cout <<"Temperature is too high!" <<endl;
    else
        cout <<fixed <<setprecision(2) <<c <<" " <<f <<endl;
    return 0;
}
```

7.12 C++ 语言中的关键字

所谓**关键字**，是指编程语言规定的、具有特定意义的字符串，通常也称为**保留字**。用户定义的标识符（变量名、函数名等）不应与关键字相同。

以下表 7.2 列出了 C++ 语言中所有的关键字。

C++ 语言的关键字分为以下几类：

（1）**类型说明符**：用于定义、说明变量、函数或数据结构的类型，如 int、double 等。

（2）**语句定义符**：用于表示语句的功能，如 if、else 等。

另外，C++ 的关键字在编译器中一般会以特殊字体和颜色标明。初学者在编写程序时，如果这些关键字没有显示为正确的颜色，可能是拼写错了。

表 7.2 C++ 的关键字

asm	auto	bool	break	case	catch
char	class	const	const_cast	continue	default
delete	do	double	dynamic_cast	else	enum
explicit	export	extern	false	float	for
friend	goto	if	inline	int	long
mutable	namespace	new	operator	private	protected
public	register	reinterpret_cast	return	short	signed

续表

sizeof	static	static_cast	struct	switch	template
this	throw	true	try	typedef	typeid
typename	union	unsigned	using	virtual	void
volatile	wchar_t	while			

7.13 基础知识练习（GESP 真题）

【选择题】

1. 下列叙述中正确的是（　　）。

   A．C 程序中的注释只能出现在程序的开始位置和语句的后面

   B．C 程序书写格式严格，要求一行内只能写一个语句

   C．C 程序书写格式自由，一个语句可以写在多行上

   D．用 C 语言编写的程序只能放在一个程序文件中

2. 以下哪个不是 C++ 语言的关键字？（　　）

   A. int　　　　　　B. for　　　　　　C. do　　　　　　D. cout

3. 假设现在是上午 10 点，求出 N（正整数）小时后是第几天几时，如输入 20 则为第 2 天 6 点，如输入 4 则为今天 14 点。为实现相应功能，应在横线处填写的代码是（　　）。

   A．(10 + N) % 24 , (10 + N) / 24

   B．(10 + N) / 24 , (10 + N) % 24

   C．N % 24 , N / 24

   D．10 / 24 , 10 % 24

```
int N, dayX, hourX;


cin >> N;


dayX = _____, hourX = _____;
if (dayX == 0)
    cout << "今天" << hourX << "点";
else
    cout << "第" << (dayx + 1) << "天" << hourx << "点";
```

4. 下面的程序用于判断 N 是否为偶数，横线处应填写的代码是（　　）。

```
cin >> N;
if (_____)
    cout << "偶数";
else
    cout << "奇数";
```

A. N % 2 == 0　　　　　　　　　B. N % 2 = 0

C. N % 2　　　　　　　　　　　　D. N % 2 != 0

5. 下面 C++ 代码执行时输入 10 后，正确的输出是（　　）。

```
int N;
cout << "请输入正整数：";
cin >> N;
if (N % 3)
    printf("第5行代码%2d", N % 3);
else
    printf("第6行代码%2d", N % 3);
```

A. 第 5 行代码 1　　B. 第 6 行代码 1　　C. 第 5 行代码　1　　D. 第 6 行代码　1

6. 下面 C++ 代码执行后，求出几天后星期几。如果是星期天则输出"星期天"，否则输出形如"星期1"。横线上应填入的代码是（　　）。

```
int N, nowDay, afterDays;
cout << "今天星期几？ " <<endl;
cin >> nowDay;
cout << "求几天后星期几？ "<< endl;
cin >>afterDays;

N = nowDay+afterDays;

if(_____)
    printf("星期天");
else
    printf("星期%d", N%7);
```

A. N % 7 != 0　　　　　　　　　B. N % 7 == 0

C. N == 0　　　　　　　　　　　D. N % 7

7. 以下哪个是 C++ 语言的关键字？（　　）

A. Abs　　　　　B. cin　　　　　C. do　　　　　D. endl

【判断题】

1. 在每个 if 语句中，都必须有 else 子句与 if 配对使用。（　　）

2. if 语句可以没有 else 子句。（　　）

3. C++ 语句 cout<<(2, 3, "23"); 的输出为 2,3,23。（　　）

4. C++ 语句 cout<<(2*3, 3%10, 2+3); 的输出为 6,3,5。（　　）

5. if 语句中的条件表达式的结果可以为 int 类型。（　　）

6. C++ 表达式 ('1'+'1'=='2' ? flag=1 : flag=2) 的结果值和表达式 (flag==2) 的相同。（　　）

7. 在 C++ 代码中，整型变量 X 被赋值为 20.24，则 cout<<(X++, X+1)/10 执行后输出的是 2.124。（　　）

8. C++ 语句 cout << (3,2); 执行后，将输出 3 和 2，且 3 和 2 之间有逗号间隔。（　　）

第8章　关系表达式和逻辑表达式

本章主要内容

- 介绍关系运算和逻辑运算，以及关系表达式和逻辑表达式。
- 关系表达式和逻辑表达式的值都是布尔（bool）型。

8.1　条件是怎么形成的

在第 7 章中，我们介绍了实现条件判断的 if 语句。从 C++ 语法的角度来说，if 语句中条件可以用任何合法的表达式来表示。例如，以下 if 语句都是合法的。只要表达式的值不为 0，条件就满足。如果表达式的值为 0 或 0.0，条件就不满足。

```
int a = 31, b;
if(2+3)  ......;    //2+3的值不为0，if条件满足
if(a)  ......;      //a是int型变量，它的值不为0，所以if条件满足
if(b=5)  ......;    //if条件为一个赋值表达式，其值就是被赋值后b的值，条件满足
if(0.0)  ......;    //表达式的值为0.0，条件不满足
if(0)  ......;      //表达式的值为0，条件不满足
```

但是大多数有意义的 if 语句，其条件通常表示某种关系是否满足，比如"3 大于 5"是否满足、"变量 a 的值等于变量 b 的值"是否满足等，这需要用关系运算符来表示；复杂的条件还涉及多个条件，这需要用逻辑运算符来表示。

8.2　关系运算符和关系表达式

数学上可以用 <、≤、≥、>、=、≠ 这 6 种符号来表示数据之间的关系，C++ 语言中对应的**关系运算符**如表 8.1 所示。注意，在 C++ 语言中，由于"="已经用于表示赋值，因此用"=="表示等于的关系运算符。

表 8.1　C++ 语言中的关系运算符

C++ 中运算符	数学符号	运算符含义
<	<	小于
<=	≤	小于或等于
>=	≥	大于或等于

续表

C++ 中运算符	数学符号	运算符含义
>	>	大于
==	=	等于
!=	≠	不等于

注意，"≤"表示"小于或等于"，"≥"表示"大于或等于"。因此，"7≤9"的结果是 true，"7≤7"的结果是 true，"7≥7"的结果也是 true。

关系运算的结果只有两种情况：满足（用 true 表示）或不满足（用 false 表示）。例如，"7<9"的结果为 true，"7>9"的结果为 false。true 和 false 是布尔型数据，详见 8.5 节。

8.3　逻辑运算符和逻辑表达式

稍微复杂一点的判断，可能涉及多个条件。可能是要求**多个条件同时满足**，比如"整数 a 是 4 的倍数"和"整数 a 是 6 的倍数"同时满足；也可能是**多个条件只要有一个满足即可**，比如，"整数 a 是 4 的倍数"或"整数 a 是 6 的倍数"。这时，多个条件就需要通过**逻辑运算符**连接起来。C++ 语言中有 3 种逻辑运算符，如表 8.2 所示。

表 8.2　C++ 语言中的逻辑运算符

运算符	用法	运算符含义
&& 或 and	条件 1 && 条件 2 条件 1 and 条件 2	逻辑与：条件 1 和条件 2 都满足（为 true）才算满足（为 true）
|| 或 or	条件 1 || 条件 2 条件 1 or 条件 2	逻辑或：条件 1 和条件 2 只要有一个满足（为 true）就算满足（为 true）
! 或 not	!条件 not 条件	逻辑非：否定。条件满足（为 true），则"!条件"就是不满足（为 false）；条件不满足（为 false），则"!条件"就是满足（为 true）

注意：早期 C++ 语言只能用 &&、\|\|、! 分别表示逻辑"与""或""非"，现在也支持用 and、or 和 not 来表示。

逻辑判断的结果也只有两种情况：多个条件满足逻辑关系（为 true）或不满足逻辑关系（为 false）。例如，"7<9 and 2+3≤5"的结果为 true，"7<9 or 2+3<5"的结果也为 true；"9<7 and 2+3≤5"的结果为 false，"7>9 or 2+3<5"的结果也为 false。

8.4　逻辑"与"和逻辑"或"的例子

生活和数学中经常遇到多个条件的例子，要注意区别用逻辑"与"还是用逻辑"或"。

（1）正整数 a 是 4 的倍数也是 6 的倍数，这里的条件应该表示成 a%4==0 and a%6==0。例如，12、24 等数满足条件，但 8、18 等数不满足条件。

（2）正整数 a 是 4 的倍数但不是 6 的倍数，这里的条件应该表示成 a%4==0 and

a%6!=0。例如，8、16 等数满足条件，但 12、18 等数不满足条件。

（3）判断一个数是不是在某个范围。如果一个数 n 大于或等于 80，而且 n 小于或等于 90，在数学上可以表示成 $80 \leqslant n \leqslant 90$ 或 n 位于 [80, 90] 区间，在程序中应该表示成条件：n>=80 and n<=90。

注意，数学上的条件"$80 \leqslant n \leqslant 90$"在 C++ 程序中不能表示成"80<=n<=90"，这个表达式的执行过程为，先执行 80<=n，结果可能为 true（其实就是 1）或 false（其实就是 0），再判断"这个结果 <=90"是否成立，事实上这个关系表达式肯定是成立的。因此，无论 n 取什么值，"80<=n<=90"的值都是 true，这显然是错的。

（4）星期一和星期五打篮球。假设用 n 表示星期几，取值为 $1 \sim 7$，这里的"和"其实表示"或"，应该用 n==1 or n==5。注意，不存在某一天既是星期一又是星期五，所以肯定不能用逻辑"与"。

（5）大月的判断。大月有 31 天，假设用 m 表示月份，判断大月的条件应该表示成：m==1 or m==3 or m==5 or m==7 or m==8 or m==10 or m==12。

（6）根据一个人的年龄判断他是不是儿童。儿童指上小学年龄、即 $6 \sim 12$ 岁年龄阶段的孩子。假设用 a 表示年龄，这里的条件应该表示成：a>=6 and a<=12。

（7）小写字母的判断。假设用 c 表示一个字符，这里的条件应该表示成：c>='a' and c<='z'。

8.5 布尔（bool）型数据

前面我们学过整型数据、浮点型数据和字符型数据。此外，还有一类数据，它的取值只有两种情形，要么为 true，要么为 false。这种数据称为**布尔（bool）型数据**或**逻辑型数据**。

关系表达式和逻辑表达式的值都是 bool 型数据。通俗地讲，"条件符合""关系满足""式子是对的"就是 true，否则就是 false。

布尔型数据分为**布尔型常量**和**布尔型变量**。布尔型常量有两个，就是 true 和 false。

布尔型变量要用类型标识符 bool 来定义，它的值只能是 true 和 false 之一。如：

```
bool b1, b2 = true;          //定义逻辑变量b1和b2，并使b2的初始值为true
b1 = false;                  //将逻辑常量false赋给逻辑变量b1
```

编译系统在处理逻辑型数据时，将 false 视为 0，将 true 视为 1，在内存中占一个字节，而不是将字符串 "false" 和 "true" 存放在内存中。因此，逻辑型数据可以与数值型数据进行运算，如图 8.1 所示。具体如下：

（1）如果逻辑型数据与其他数值型数据一起参与算术运算，则 true 为 1，false 为 0。例如，假设变量 b 是逻辑型变量，它的值为 true，那么，赋值语句 a = 2 + b+ false; 执行完后，a 的值为 3，这里假设 a 为 int 型。

（2）将一个表达式的值赋给一个逻辑型变量，则只要表达式的值为非 0，就按"真 (true)"处理，如果表达式的值为 0，按"假 (false)"处理。如：

```
bool b1 = 27 + 9;            //赋值后b1的值为true，即为1
bool b2 = 0.0;               //赋值后b2的值为false，即为0
```

（3）当一个表达式用作条件（如 if 语句中的条件或循环中的条件）时只要表达式的值不为 0，就视为 true，只有表达式的值为 0 或 0.0 才是 false。

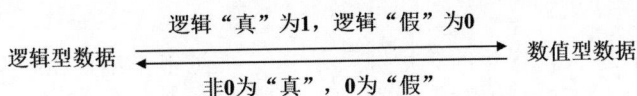

图 8.1 逻辑型数据和数值型数据的转换

8.6 案例 1：大月还是小月

【题目描述】

输入一个月份，判断是大月还是小月。如果一个月有 31 天，则是大月；否则就是小月。

【输入描述】

输入数据占一行，为一个正整数，取值为 1 ～ 12，表示一个月份。

【输出描述】

输出占一行，如果该月份是大月，输出 big；否则输出 small。

【样例输入 1】	【样例输出 1】
12	big

【样例输入 2】	【样例输出 2】
2	small

【题目分析】

如果 m 的值为 1、3、5、7、8、10 或 12，是大月，输出 big；否则输出 small。注意逻辑表达式的表示方法。代码如下：

```cpp
#include <iostream>
using namespace std;
int main( )
{
    int m;   cin >>m;
    if(m==1 or m==3 or m==5 or m==7 or m==8 or m==10 or m==12)
        cout <<"big" <<endl;
    else  cout <<"small" <<endl;
    return 0;
}
```

8.7 案例 2：闰年的判断

【背景知识】

闰年的 2 月份有 29 天，平年的 2 月份只有 28 天。闰年一年有 366 天，平年一年有 365 天。那么，年份为什么有闰年和平年之分呢？闰年和平年又是怎么判断的呢？

历史上，古罗马的天文学家一开始计算出每年有 365.25 天。因为 0.25 × 4=1，所以每过 4 年，需要额外地加上一天来保持日历与季节相一致。因此，一个年份只要是 4 的倍数就是闰年，在这一年中，二月有 29 天。

后来，古罗马的天文学家发现每年不是 365.25 天，而是 365.2425 天。因为 0.2425 × 400 = 97，所以，每 400 年有 97 个闰年。以 2001 ～ 2400 这 400 个年份为例，4 的倍数有 100 个，多了 3 个，怎么办呢？天文学家想了个办法，把 2100、2200、2300 这种年份设定为平年，但是 2400 年还是闰年，这样就"凑够"了 97 个闰年。

【题目描述】

输入一个年份，判断是否为闰年。

【输入描述】

输入占一行，为一个正整数 y，$1900 \leqslant y \leqslant 9999$，代表一个年份。

【输出描述】

如果 y 为闰年，输出 yes，否则输出 no。

【样例输入 1】	【样例输出 1】
2020	yes

【样例输入 2】	【样例输出 2】
1900	no

【题目分析】

根据本题的背景知识可知，符合以下条件之一的年份为闰年。

① 能被 4 整除，但不能被 100 整除；

② 能被 400 整除。

例如 2004 年、2000 年是闰年，2005 年、2100 年是平年。

图 8.2 非常清晰地描绘了闰年的条件，矩形表示所有年份，3 个圆形分别表示 4 的倍数、100 的倍数、400 的倍数的年份，而且 4 的倍数包含 100 的倍数，100 的倍数又包含 400 的倍数。根据上述条件可知，图 8.2 中只有阴影部分的年份才是闰年，外围的阴影部分表示能被 4 整除、但不能被 100 整除的年份，即条件①；内部的阴影部分表示能被 400 整除的年份，

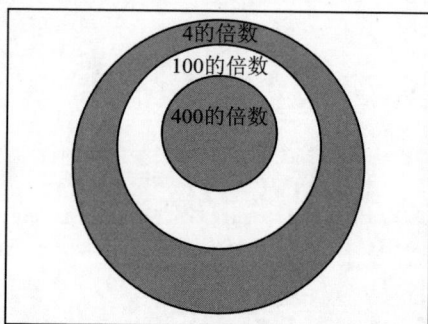

4的倍数
100的倍数
400的倍数

图 8.2　闰年的条件

即条件②。2 个阴影部分没有共同的年份。

假设用变量 y 代表一个年份，可以用以下逻辑表达式来判定闰年。如果该表达式的值为 true，则 y 是闰年；否则，即该表达式的值为 false，则 y 是平年。根据前面的分析，以下逻辑表达式中，"(y % 4 == 0 and y % 100 != 0)"和"y % 400 == 0"最多只有一项为 true。

```
(y % 4 == 0 and y % 100 != 0) or y % 400 == 0
```

代码如下：

```cpp
#include <iostream>
using namespace std;
int main( )
{
    int y;  cin >>y;
    if((y % 4 == 0 and y % 100 != 0) or y % 400 == 0)
        cout <<"yes" <<endl;
    else  cout <<"no" <<endl;
    return 0;
}
```

8.8 案例 3：大小写字母转换

【题目描述】

输入一个字母字符，如果是大写字母，则转换成小写字母；如果是小写字母，则转换成大写字母。

【输入描述】

输入数据占一行，为一个字符。测试数据保证输入的字符要么是大写字母，要么是小写字母。

【输出描述】

输出数据占一行，为转换后的字母。

【样例输入 1】	【样例输出 1】
X	x

【样例输入 2】	【样例输出 2】
y	Y

【题目分析】

定义 char 型的变量 c 来存储输入的字符，用 if 语句判断 c 为大写字母，需要用逻辑表达式 c>='A' and c<='Z'，else 分支不需要加条件。大写字母加 32 就变成了同一个字母的小写，小写字母减 32 就变成了同一个字母的大写。

也可以用逻辑表达式 c>='a' and c<='z' 判断 c 是否为小写字母，这样 if 和 else 分支的代码就需要互换了。代码如下。

```
#include <iostream>
using namespace std;
int main( )
{
    char c;  cin >>c;
    char c1;
    if(c>='A' and c<='Z')  c1 = c + 32;  //大写转小写
    else  c1 = c - 32;  //小写转大写
    cout <<c1 <<endl;
    return 0;
}
```

8.9 练习1：工作日还是周末

【题目描述】

一个星期中，星期六和星期天是周末，英语单词是 weekend。那么星期一到星期五应该怎么称呼呢？星期一到星期五要工作，所以在英语里星期一到星期五称为 weekday，翻译成工作日。在本题中，输入星期数，取值为 1 到 7（分别代表星期一到星期天），判断是 weekday 还是 weekend。

【输入描述】

输入数据占一行，为星期数 n，$1 \leq n \leq 7$。

【输出描述】

如果星期数 n 为周末，输出 weekend；否则输出 weekday。

【样例输入 1】	【样例输出 1】
6	weekend

【样例输入 2】	【样例输出 2】
3	weekday

【题目分析】

对输入的 n，如果 $1 \leq n \leq 5$，则要输出 weekday；否则输出 weekend。注意，条件判断"$1 \leq n \leq 5$"在程序中应该表示成 n>=1 and n<=5。代码如下：

```
#include <iostream>
using namespace std;
int main( )
{
    int n;  cin >>n;
    if(n>=1 and n<=5)  cout <<"weekday" <<endl;
    else  cout <<"weekend" <<endl;
    return 0;
}
```

8.10 练习 2：平年的判断

【题目描述】

输入一个年份，判断是否为平年，如果是平年，输出 yes；否则输出 no。

【输入描述】

输入占一行，为一个正整数，表示年份。

【输出描述】

如果输入的年份是平年，输出 yes；否则输出 no。

【样例输入】	【样例输出】
2022	yes

【题目分析】

平年的判断，有两种方法。

方法一，把闰年的条件加否定（not）。

方法二，如图 8.2 所示，两个空白部分表示的年份是平年，而且这两部分没有共同的年份。外围的空白部分代表的年份，不能被 4 整除，可以用 y % 4 != 0 表示。内部的空白部分代表的年份，能被 100 整除但不能被 400 整除，可以用 y % 100 == 0 and y % 400 != 0 表示。把这 2 个条件用 or 连起来即可。代码如下：

```
#include <iostream>
using namespace std;
int main( )
{
    int y;  cin >>y;
    // if(!((y % 4 == 0 and y % 100 != 0) or y % 400 == 0))   //方法1
    if(y % 4 != 0 or (y % 100 == 0 and y % 400 != 0))         //方法2
        cout <<"yes" <<endl;
    else  cout <<"no" <<endl;
```

```
        return 0;
}
```

8.11　练习 3：图书馆里的老鼠（GESP 真题）

【题目描述】

图书馆里有 n 本书，不幸的是，还混入了一只老鼠，老鼠每 x 小时能啃光一本书，假设老鼠在啃光一本书之前，不会啃另一本。请问 y 小时后图书馆里还剩下多少本完整的书？

【输入描述】

共 3 行，第一行一个正整数 n，表示图书馆里书的数量；

第二行，一个正整数 x，表示老鼠啃光一本书需要的时间；

第三行，一个正整数 y，表示经过的总时间；

输入数据保证 y 小时后至少会剩下一本完整的书。

【输出描述】

一行，一个整数，表示 y 小时后图书馆里还剩下多少本完整的书。

【样例输入 1】	【样例输出 1】
10 2 3	8

【样例输入 2】	【样例输出 2】
5 2 4	3

【数据范围】

对于所有测试点，保证 $1 \leqslant n, x, y \leqslant 1000$，保证 y 小时后至少会剩下一本完整的书。

【题目分析】

如果 y 是 x 的倍数，老鼠在 y 小时内刚好可以啃光 y/x 本完整的书，因此答案就是 n-y/x；否则，即 y 不是 x 的倍数，老鼠在 y 小时内可以啃光 y/x 本完整的书、另外还有一本书在啃，因此答案是 n - y/x - 1。代码如下：

```
#include <iostream>
#include <iomanip>
using namespace std;
int main( )
```

```
{
    int n, x, y, ans;
    cin >> n >> x >> y;
    if(y%x==0)  ans = n - y/x;   //y是x的倍数
    else  ans = n - y/x - 1;
    cout << ans << endl;
    return 0;
}
```

在本题中，老鼠在 y 小时内可以啃多少本书（如果最后还有一本在啃，也算一本），答案就是 y 除以 x 的准确结果向上取整，根据第 7 章的知识，这个结果可以表示为 (y+x-1)/x。因此，本题也可以不判断，直接计算出答案为 n - (y+x-1)/x。代码如下。

```
    int n, x, y;
    cin >> n >> x >> y;
    cout << n - (y+x-1)/x << endl;
```

8.12 基础知识练习（GESP 真题）

【选择题】

1. 如果 x 和 y 均为 int 类型的变量，且 x 的值为 1、y 的值为 2，则下列哪个表达式的结果为 true？（ ）

   A. (x + y > 7) && (x - y < 1)　　B. !(x + y)

   C. (x > y - 1) || x　　D. x && (!y)

2. 如果 a 为 int 类型的变量，且 a 的值为奇数，则下列哪个表达式的结果一定为 false？（ ）

   A. a % 2 == 1　　B. !(a % 2 == 0)

   C. !(a % 2)　　D. a % 2

3. 下列表达式能够正确判断"a 不等于 0 且 b 不等于 0"的是（ ）。

   A. !a == 0 || !b == 0　　B. !((a == 0) && (b == 0))

   C. !(a == 0 && b == 0)　　D. a && b

4. A、B、C 是 3 个 int 类型的变量，如果已知表达式 (A>=B&&B>=C) 的结果为 true，则表达式 (A>C||B==C) 的结果（ ）。

   A. 为 true

   B. 为 false

   C. 无法判定结果

   D. 当 A、B、C 都相等时为 true，否则为 false

5. 如果 a 和 b 均为 int 类型的变量，下列表达式能够正确判断"a 不等于 0 或 b 不等于 0"的是（ ）。

   A. !a == 0 && !b == 0　　B. !(a == 0 && b == 0)

   C. (a != 0) && (b != 0)　　D. a && b

6. 如果 a 为 int 类型的变量，下列表达式不能正确表达 "a 是奇数时结果为 0，否则结果非 0" 的是（　　）。

A. a %= 2　　　　　　　　　　　　B. a / 2 * 2 == a

C. a % 2 == 0　　　　　　　　　　D. (a + 1) % 2

7. 表达式 ((3 == 0) + 'A' + 1 + 3.0) 的结果类型为（　　）。

A. double　　　　B. int　　　　　C. char　　　　　D. bool

8. 如果 a 和 b 均为 int 类型的变量，下列表达式不能正确判断 "a 等于 0 且 b 等于 0" 的是（　　）。

A. (a == 0) && (b == 0)　　　　B. (a == b == 0)

C. (!a) && (!b)　　　　　　　　D. (a == 0) + (b == 0) == 2

9. 如果 a 和 b 均为 int 类型的变量，下列表达式能正确判断 "a 等于 0 且 b 等于 0" 的是（　　）。

A. (a == b == 0)　　　　　　　　B. !(a || b)

C. (a + b == 0)　　　　　　　　　D. (a == 0) + (b == 0)

10. 在 C++ 中，表达式 2 - 1 && 2 % 10 的值是（　　）。

A. 0　　　　　　B. 1　　　　　　C. 2　　　　　　D. 3

11. 在 C++ 语言中，int 类型的变量 x、y、z 的值分别为 2、4、6，以下表达式的值为真的是（　　）。

A. x > y || x > z　　　　　　　B. x != z - y

C. z > y + x　　　　　　　　　　D. x < y || !x < z

12. 下面 C++ 代码执行时输入 14+7 后，正确的输出是（　　）。

```
int P;
printf("请输入正整数 P: ");
scanf("%d", &P);
if (P % 3 || P % 7)
    printf("第 5 行代码 %d, %d", P % 3, P % 7);
else
    printf("第 7 行代码 %2d", P % 3 && P % 7);
```

A. 第 5 行代码 2,0　　　　　　　　B. 第 5 行代码 1,0

C. 第 7 行代码 1　　　　　　　　　D. 第 7 行代码 0

13. C++ 表达式 12 - 3 * 2 && 2 的值是（　　）。

A. 0　　　　　　B. 1　　　　　　C. 6　　　　　　　D. 9

14. 下面的程序用于判断输入的整数 N 是否为能被 3 整除的偶数，横线处应填写代码是（　　）。

```
int N;
cin >> N;
if(_____)
    cout << "能被 3 整除的偶数" << endl;
else
    cout << "其他情形" << endl;
cout << endl;
```

    A. (N%2)&&(N%3)   B. (N%2==0)&&(N%3)

    C. (N%2)&&(N%3==0)   D. (N%2==0)&&(N%3==0)

15. C++ 表达式 (6 > 2) * 2 的值是（   ）。

    A. 1   B. 2   C. true   D. truetrue

16. 下面 C++ 代码执行后，将输出能被 2 整除且除以 7 余数为 2 的数。下列选项不能实现的是（   ）。

```
for (int i = 0; i < 100; i++)
    if _____
        cout << i << " ";
```

    A. ((i % 2 == 0) && (i % 7 == 2))

    B. ((!(i % 2)) && (i % 7 == 2))

    C. ((!(i % 2)) && (!(i % 7)))

    D. ((i % 2 != 1) && (i % 7 == 2))

【判断题】

1. 如果 a 为 int 类型的变量，且表达式 (a%4==0) 的计算结果为真，说明 a 的值是 4 的倍数。   （   ）

2. if 语句中的条件表达式的结果必须为 bool 类型。   （   ）

3. 如果 a 为 int 类型的变量，则表达式 (a/4==2) 和表达式 (a>=8&&a<=11) 的结果总是相同的。   （   ）

4. 如果 a 和 b 为 int 类型的变量，则表达式 a=b 可以判断 a 和 b 是否相等。   （   ）

5. 如果 a 为 int 类型的变量，则表达式 (a%4==2) 可以判断 a 的值是否为偶数。   （   ）

6. C++ 中定义变量 int N，则表达式 (!!N) 的值也是 N 的值。   （   ）

7. 在 C++ 语言中，整型、实数型、字符型、布尔型是不同数据类型，但这 4 种类型的变量间都可以比较大小。   （   ）

8. C++ 中，定义变量 int a=5，b=4，c=3，则表达式 (a<b<c) 的值为逻辑假。   （   ）

9. 在 C++ 中，对浮点型变量 float f，则语句 cin >> f; cout << (f<1); 在输入是 2e-1 时，输出是 0。   （   ）

第9章 多分支和 switch 语句

本章主要内容

- 介绍分支结构的嵌套，即多分支结构。
- 介绍多分支结构的实现，包括 if…else if…else… 和 switch 语句。

9.1 分支结构的嵌套——多分支结构

我们在第 8 章介绍了单分支和双分支的 if 语句，可以实现一个分支或两个分支的条件判断。编程解题时，可能还需要判断多种情形，这需要用多分支结构实现。

多分支结构是从分支结构的嵌套演变过来的。在 if 语句的 if 分支或 else 分支中，还可以包含完整的 if 语句，这就是分支结构的嵌套。

分支结构的嵌套是非常灵活的，如图 9.1 所示。

```
if(…){
    if(…){
        ……;
    }
    else{
        ……;
    }
}
```
（a）单分支包含完整的双分支

```
if(…){
    if(…){
        ……;
    }
}
else{
    ……;
}
```
（b）双分支的 if 分支包含完整的单分支

```
if(…){
    ……;
}
else{
    if(…){
        ……;
    }
    else{
        if(…){
            ……;
        }
        else{
            ……;
        }
    }
}
```
（c）在各个 else 分支中包含完整的双分支

```
if(…){
    ……;
}
else if(…){
    ……;
}
else if(…){
    ……;
}
else{
    ……;
}
```
（d）更简洁的形式

图 9.1 分支结构的嵌套

多分支的 if 语句，我们推荐使用图 9.1（d）所示的简洁形式，即先判断一种情形；如果不满足，在 else 中继续用 if 判断第二种情形，即写成 else if 的形式；如果不满足，在第3个分支中继续用 else if 判断第三种情形，以此类推。最后一个分支，即最后的 else 分支，往往不需要加条件判断，这个分支对应到前面所有条件都不成立的情形。

注意，分支结构的嵌套容易误用。我们来看下面这段代码：

```
if ( x == 0 )
    if ( y == 0 )
        y++;
else {
    x++;
    z = x + y;
}
```

这段代码本来是想将情况分为两种：x == 0 和 x != 0。在第一种情况中，如果 y==0，则执行 y++；在第二种情况中，程序依次执行 x++ 和 z = x + y。

然而，这段程序的实际效果却大为不同。其原因是 **else 总是与离它最近的 if 配对**。上面那段代码其实等价于以下代码：

```
if ( x == 0 ) {
    if ( y == 0 )
        y++;
    else {
        x++;
        z = x + y;
    }
}
```

也就是说，当 x!=0 时什么也不做。

如果要达到原来的目的，应该把程序改成以下代码，即通过加花括号的方式明确判断的逻辑：

```
if ( x == 0 ) {
    if ( y == 0 )
        y++;
}
else {
    x++;
    z = x + y;
}
```

9.2 案例1: VIP顾客等级（1）

【题目描述】

某商场根据 VIP 顾客的等级给予不同的折扣：将 VIP 顾客分为 4 个等级，1 级顾客打

98 折，2 级顾客打 88 折，3 级顾客打 78 折，4 级顾客打 68 折。输入顾客的等级和购物金额，求实际支付的金额。

【输入描述】

输入数据占一行，为两个正整数 r 和 m，分别表示一个顾客的等级和购物金额。r 取值为 1、2、3 或 4；m 小于 10000。

【输出描述】

输出占一行，为一个浮点数，表示顾客实际支付金额，保留小数点后 1 位数字。

【样例输入 1】	【样例输出 1】
1 688	674.2

【样例输入 2】	【样例输出 2】
3 6666	5199.5

【题目分析】

本题可以用多分支 if 语句实现，共有 4 个分支，分别对应等级 1、2、3、4，最后一个分支不需要加条件。先根据顾客等级求出折扣 d 的值，再根据折扣 d 求折扣后的金额。求折扣后金额的流程如图 9.2 所示。

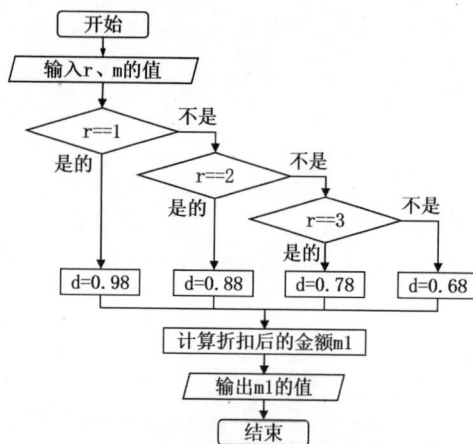

图 9.2　求折扣后金额的流程

代码如下：

```cpp
#include <iostream>
#include <iomanip>
using namespace std;
int main( )
{
    int r, m;              //r为顾客等级，m为购物金额
    double d, m1;          //d为折扣，m1为折扣后的金额
    cin >>r >>m;
```

```
    if(r==1)   d = 0.98;         //1级顾客
    else if(r==2)   d = 0.88;    //2级顾客
    else if(r==3)   d = 0.78;    //3级顾客
    else   d = 0.68;             //4级顾客
    m1 = m*d;
    cout <<fixed <<setprecision(1) <<m1 <<endl;
    return 0;
}
```

9.3　案例 2：每月天数（GESP 真题）

【题目描述】

小明刚刚学习了每月有多少天，以及如何判断平年和闰年，想到可以使用编程方法求出给定的月份有多少天。你能做到吗？

【输入描述】

输入一行，包含两个整数，分别表示一个日期的年、月。

【输出描述】

输出一行，包含一个整数，表示输入月份有多少天。

【样例输入 1】	【样例输出 1】
2022 1	31

【样例输入 2】	【样例输出 2】
2020 2	29

【题目分析】

对输入的年 y 和月 m，首先用变量 leap 来存储判断闰年的逻辑表达式，leap 取值为 1 表示 y 为闰年。每个月的天数有 28、29、30、31 共 4 种情况，因此需要用多分支的 if 语句实现。

代码如下：

```
#include <iostream>
using namespace std;
int main( )
{
    int y, m;   cin >>y >>m;
    int leap = (y%4==0 and y%100!=0) or y%400==0;
    if(leap and m==2)   cout <<29 <<endl;
    else if(!leap and m==2)   cout <<28 <<endl;
```

```
    else if(m==4 or m==6 or m==9 or m==11)  cout <<30 <<endl;
    else  cout <<31 <<endl;
    return 0;
}
```

9.4 switch 语句

除了 if 语句，switch 语句也可以用来实现多分支选择结构。用 switch 语句直接处理多分支选择，形式更简洁。switch 语句的一般形式如下：

```
switch( 表达式 )
{
    case 常量表达式1: 语句1;
    case 常量表达式2: 语句2;
    ...
    case 常量表达式n: 语句n;
    default : 语句n+1;
}
```

例如，某商场根据顾客的等级 r（取值为 $1 \sim 4$）来计算折扣 d，等级越高，折扣越大。可以用 switch 语句实现（注意，该 switch 语句存在逻辑错误，下面会说明）：

```
switch( r )
{
    case 1:  d = 0.98;
    case 2:  d = 0.88;
    case 3:  d = 0.78;
    case 4:  d = 0.68;
}
```

对于上述代码的说明如下。

（1）switch 后面括号内的"表达式"，允许为任何类型（算术表达式、关系表达式、逻辑表达式等），但是其值必须是整型或者字符型，case 后面的常量表达式的值也必须是整型或者字符型。

（2）当 switch 表达式的值与某一个 case 子句中的常量表达式的值相匹配时，就执行此 case 子句的内嵌语句，若所有的 case 子句中的常量表达式的值都不能与 switch 表达式的值匹配，就执行 default 子句的内嵌语句。default 子句可以没有，如上面的例子。

（3）在执行 switch 语句时，根据 switch 表达式的值找到与之匹配的 case 子句，就从此 case 子句开始执行下去，不再进行判断。例如，上面的例子中，若顾客等级 r 的值等于 2，则最终求得的折扣 d 为 0.68。

因此，在执行一个 case 子句后，应该根据需要使流程跳出 switch 结构，即终止

switch 语句的执行。可以用一个 break **语句**来达到此目的。对上面的 switch 语句做如下改写：

```
switch( r )
{
    case 1:  d = 0.98;  break;
    case 2:  d = 0.88;  break;
    case 3:  d = 0.78;  break;
    case 4:  d = 0.68;  break;
}
```

最后一个子句也可以不加 break 语句。这时若顾客等级 r 的值等于 2，则求得的折扣 d 为 0.88，这是正确的。各分支加了 break 语句后的 switch 结构流程如图 9.3 所示。

上述 switch 语句其实等价于以下多分支 if 语句。

```
if( r==1 )  d = 0.98;
else if( r==2 )  d = 0.88;
else if( r==3 )  d = 0.78;
else  d = 0.68;
```

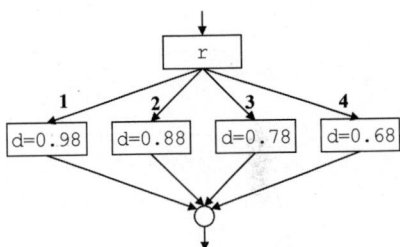

图 9.3　switch 结构流程

（4）在 case 子句中可以包含一个以上执行语句，而且可以不用花括号括起来，会自动按顺序执行本 case 子句中所有的执行语句。

（5）多个 case 子句可以共用一组执行语句，此时需要在这一组 case 子句的最后一个 case 子句里加 break 语句。示例如下：

```
...
case 1:
case 2:
case 3: d = 0.78; break;
...
```

则信用等级为 1、2、3 的客户，折扣都是 0.78。

9.5　案例 3：VIP 顾客等级（2）

【题目描述】

用 switch 语句实现本章案例 1。

【题目分析】

switch 语句的本质就是用圆括号内表达式的值去匹配每个 case 分支后面的常量，如果匹配上，就执行相应 case 分支里的执行语句。因此，本题的 switch 语句后面圆括号内就是 r，每个 case 分支就对应不同顾客等级，将购物金额乘以不同的折扣得到实际支付金额。

代码如下：

```cpp
#include <iostream>
#include <iomanip>
using namespace std;
int main( )
{
    int r, m;                           //r为顾客等级，m为购物金额
    double d, m1;                       //d为折扣，m1为折扣后的金额
    cin >>r >>m;
    switch(r){
        case 1:  d = 0.98;  break;   //1级顾客
        case 2:  d = 0.88;  break;   //2级顾客
        case 3:  d = 0.78;  break;   //3级顾客
        case 4:  d = 0.68;  break;   //4级顾客
    }
    m1 = m*d;
    cout <<fixed <<setprecision(1) <<m1 <<endl;
    return 0;
}
```

9.6 练习 1：闰年的判断（多分支实现）

【题目描述】

输入一个年份，判断是否为闰年。要求用多分支结构实现。

【输入描述】

输入数据占一行，为一个正整数 y，代表一个年份，$1900 \leqslant y \leqslant 3000$。

【输出描述】

如果年份 y 是闰年，输出 yes；否则输出 no。

【样例输入 1】	【样例输出 1】
1900	no

【样例输入 2】	【样例输出 2】
2024	yes

【题目分析】

第 8 章案例 2 用两分支的 if 语句实现了闰年的判断，本题用嵌套的 if 语句实现，这也是多分支结构。

以图 9.4 为例，假设整个圆代表所有年份。用条件（1）"能否被 4 整除"，将所有年份一分为二，其中第（Ⅰ）部分表示不能被 4 整除，该子集代表的年份不是闰年。对圆中剩下的部分，再施加条件（2）"能否被 100 整除"，又一分为二，其中第（Ⅱ）部分表示的年份能被 4 整除，但不能被 100 整除，这些年份是闰年。对圆中剩下的部分，再施加条件（3）"能否被 400 整除"，又一分为二，其中第（Ⅲ）部分表示的年份能被 400 整除，是闰年；剩下的年份，即第（Ⅳ）部分表示的年份能被 100 整除，但不能被 400 整除，不是闰年。

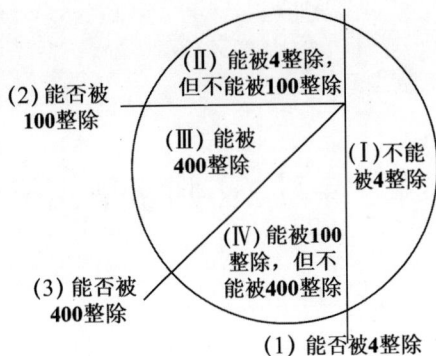

图 9.4   用多分支结构判断闰年

对应到多分支 if 语句，先用 y%4==0 条件，条件成立，不能马上下结论，即 if 分支还要嵌套 if 语句，但是 else 分支的结论是确定的，是输出 no。对 if 语句，再用 y%100==0 条件，条件成立，不能马上下结论，因此这个 if 分支还要嵌套 if 语句，但是 else 分支的结论是确定的，是输出 yes。对第 2 层的 if 语句，再用 y%400==0 条件，条件成立，输出 yes；否则，即 else 分支，输出 yes。以下代码共有 4 个分支，这取决于执行语句。代码如下：

```cpp
#include <iostream>
using namespace std;
int main( )
{
    int y;  cin >>y;
    if(y%4==0){              //先判断4的倍数
        if(y%100==0){        //再判断100的倍数
            if(y%400==0)  cout <<"yes" <<endl;   //最后判断400的倍数
            else  cout <<"no" <<endl;
        }
        else  cout <<"yes" <<endl;
    }
    else  cout <<"no" <<endl;
    return 0;
}
```

本题也可以用 if ⋯ else if ⋯ else ⋯结构实现。代码如下：

```cpp
#include <iostream>
using namespace std;
int main( )
{
    int y;  cin >>y;
    if(y%4==0 and y%100!=0)   //4的倍数但不是100的倍数
        cout <<"yes" <<endl;
    else if(y%400==0)              //400的倍数
```

```
        cout <<"yes" <<endl;
    else  cout <<"no" <<endl;
    return 0;
}
```

9.7 练习 2：判断是几位数

【题目描述】

输入一个小于 10000 的正整数，判断是几位数。要求用多分支 if 语句实现。

【输入描述】

输入数据占一行，为一个小于 10000 的正整数 n。

【输出描述】

输出占一行，为 n 的位数。

【样例输入】	【样例输出】
1234	4

【题目分析】

本题有两种方法实现：（1）从大到小判断；（2）从小到大判断。

（1）从大到小判断

由于题目保证 n<10000，因小 n 可能为 4 位数、3 位数、2 位数和 1 位数。如果 n>=1000，n 就是 4 位数；否则再判断 n>=100，如果成立，n 就是 3 位数，以此类推。注意在写 if 条件时不要画蛇添足，不要把第 2 个 if 条件表示成 n<=999 and n>=100，这样写 if 条件，虽然是对的，但画蛇添足，n<=999 的条件判断是多余的。代码如下：

```
#include <iostream>
using namespace std;
int main( )
{
    int n;  cin >>n;
    if(n>=1000)  cout <<4 <<endl;        //题目保证n<10000
    else if(n>=100)  cout <<3 <<endl;   //不要表示成n<=999 and n>=100
    else if(n>=10)  cout <<2 <<endl;
    else  cout <<1 <<endl;
    return 0;
}
```

（2）从小到大判断。代码如下。

```
#include <iostream>
using namespace std;
```

```
int main( )
{
    int n;  cin >>n;
    if(n<10)  cout <<1 <<endl;
    else if(n<100)  cout <<2 <<endl;   //不要表示成n>=10 and n<100
    else if(n<1000)  cout <<3 <<endl;
    else  cout <<4 <<endl;            //题目保证n<10000
    return 0;
}
```

9.8　练习3：简单的计算器

【题目描述】

编程实现一个简单的计算器，支持 +、−、*、/、% 这 5 种运算。仅需考虑输入输出为整数的情况，数据和运算结果不会超过 int 表示的范围，要求用 switch 语句实现。

【输入描述】

输入数据占一行，为 x y c（用空格隔开），其中 x 和 y 为整数，c 为运算符（+、−、*、/、%）。当 c 为 / 或 % 时，保证 y ≠ 0。注意，当运算符为 / 时，表示整数的除法运算，不保留小数部分。

【输出描述】

输出占一行，为运算的结果。

【样例输入1】	【样例输出1】
13 5 /	2

【样例输入2】	【样例输出2】
13 5 %	3

【题目分析】

对应到字符 c 的 5 种取值，+、−、*、/、%，有 5 个分支，适合用 switch 结构实现。注意，switch 后面圆括号内的表达式以及每个 case 分支后面的表达式，都可以是字符型。

代码如下：

```
#include <iostream>
using namespace std;
int main( )
{
    int x, y;  char c;  cin >>x >>y >>c;
    switch(c){
```

```
        case '+':  cout <<x+y <<endl;  break;
        case '-':  cout <<x-y <<endl;  break;
        case '*':  cout <<x*y <<endl;  break;
        case '/':  cout <<x/y <<endl;  break;
        case '%':  cout <<x%y <<endl;  break;
    }
    return 0;
}
```

9.9 基础知识练习（GESP 真题）

【选择题】

1. 下面 C++ 代码执行后的输出是（   ）。

```
int m = 14;
int n = 12;
if (m % 2 == 0 && n % 2 == 0)
    cout << "都是偶数";
else if (m % 2 == 1 && n % 2 == 1)
    cout << "都是奇数";
else
    cout << "不都是偶数或奇数";
```

　　A．都是偶数　　　　　　　　　B．都是奇数
　　C．不都是偶数或奇数　　　　　D．以上说法都不正确

2. 下面 C++ 代码执行后的输出是（   ）。

```
int m = 14;
int n = 12;
if (m % 2 && n % 2)
    cout << "都是偶数";
else if (m % 2 == 1 && n % 2 == 1)
    cout << "都是奇数";
else
    cout << "不都是偶数或奇数";
```

　　A．都是偶数　　　　　　　　　B．都是奇数
　　C．不都是偶数或奇数　　　　　D．以上说法都不正确

3. 下面 C++ 代码执行后的输出是（   ）。

```
int m = 7;
if (m / 5 || m / 3)
    cout << 0;
else if (m / 3)
```

```
        cout << 1;
    else if (m / 5)
        cout << 2;
    else
        cout << 3;
```

A. 0　　　　　　　　B. 1　　　　　　　　C. 2　　　　　　　　D. 3

4. 下面 C++ 代码执行时输入 21 后，有关描述正确的是（　　）。

```
    int N;
    cin >> N;
    if(N% 3 == 0)
        cout << "能被3整除";
    else if (N % 7 == 0)
        cout << "能被7整除";
    else
        cout << "不能被3和7整除";
    cout << endl;
```

A. 代码第 4 行被执行

B. 第 4 和第 7 行代码都被执行

C. 仅有代码第 7 行被执行

D. 第 8 行代码将被执行，因为 input() 输入为字符串

【判断题】

在 if…else 语句中，配对规则是 else 总是与最近的未配对的 if 配对。　　　　　　（　　）

第 10 章　循环结构及 for 循环

本章主要内容

- 介绍循环，循环就是重复执行某些步骤。
- 如果明确知道要重复多少次，适合用 for 循环实现。

10.1　生活中的循环

同学们，在每天的学习和生活中都能发现许多重复的动作或重复的运算。

（1）吃午餐，一盒主食不是一口就能吃完，而是一口一口地吃。有的同学，为管理自己的体重，自行规定每天中午只吃 20 口主食，因此吃一口饭这个动作只能重复 20 次，吃完 20 口，就不再摄入主食了，如图 10.1（a）所示。我们提倡光盘行动，所以每餐要吃完饭盒里的主食，这时就是根据"是不是吃光了饭盒里的主食"这个条件来判断要不要再吃主食，如图 10.1（b）所示。如果主食的确盛多了，吃不完，那就是根据"是不是吃饱了"这个条件来判断要不要再吃主食，如图 10.1（c）所示。

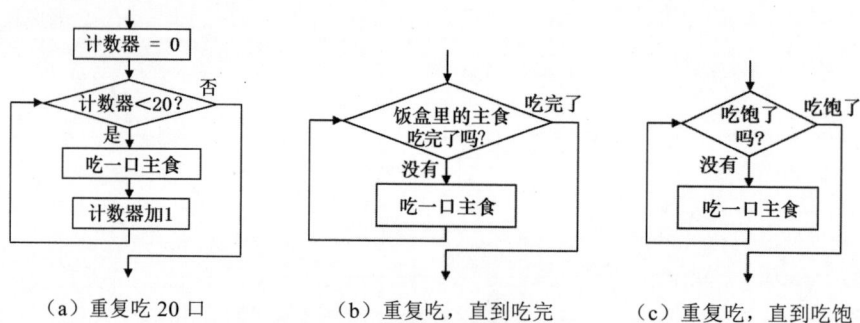

（a）重复吃 20 口　　　　　（b）重复吃，直到吃完　　　（c）重复吃，直到吃饱

图 10.1　吃午餐中的循环

（2）马路边控制行人通行的红绿灯，红灯、绿灯、红灯、绿灯……，是"红灯、绿灯"的重复。

（3）做广播体操时，某一节，比如伸展运动，8 个 8 拍，可能是 4 个 8 拍重复了 2 次。

（4）给足球打气，打 20 下，就需要把打气的动作重复 20 次。

（5）统计一个班级的总分，需要把每个学生的分数加起来，"把每个学生的分数加到总分"就是一个重复的运算。

10.2 循环结构及 for 循环

程序中重复执行的步骤要用**循环结构**实现。重复执行的若干个步骤是一个整体,称为**循环体**。

在 C++ 语言中,有以下两种循环:

(1) 明确知道要重复多少次,适合用 for 循环实现,比如吃 20 口饭菜;

(2) 不知道要重复多少次,而要根据一个条件来决定是否继续重复执行,适合用 while 循环或 do-while 循环实现(见第 11 章),比如根据"是不是吃光了饭盒里的饭菜""是不是吃饱了"这样的条件来判断要不要再吃饭。

注意,for 循环和 while 循环其实是等价的,能用 for 循环实现的功能,肯定也能用 while 循环实现;反之,能用 while 循环实现的功能,肯定也能用 for 循环实现,只是在不同的情形下,有的用 for 循环更方便,有的用 while 循环更方便。

就像厨房里有水果刀、菜刀、砍骨刀,水果刀用来削水果,菜刀用来切菜,砍骨刀用来砍骨头。如果非要用水果刀来切菜,肯定也是可以的,只是有点不顺手。

for 循环的一般格式如下:

```
for(表达式1;表达式2;表达式3)
      循环体
```

注意,如果循环体包含多条代码,则需要用花括号括起来。

for 循环的执行过程如下,如图 10.2 所示。

(1) 先求解表达式 1。

(2) 求解表达式 2,若其值为真(值为非 0),则执行 for 语句的循环体语句,然后执行第 (3) 步。若为假(值为 0),则结束循环,转到第 (5) 步。

(3) 求解表达式 3。

(4) 转回第 (2) 步继续执行。

(5) 循环结束,继续执行 for 循环结构的下一条语句。

在使用 for 循环语句时,一定要注意 for 语句 4 个部分(3 个表达式和循环体语句)的执行顺序和次数,例如,表达式 1 最先执行,且只执行一次;循环体语句先于表达式 3 执行。

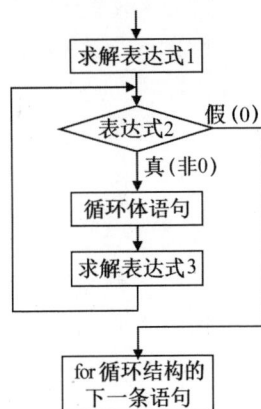

图 10.2 for 循环流程

10.3 案例1: 求 a 的 n 次方 (for 循环)

【题目背景】

在数学上,对正整数 n, n 个 a 相乘,即 $a \times a \times \cdots \times a$(共有 n 个 a),称为 a 的 n 次方,记为 a^n。a 称为**底数**,n 称为**指数**,a^n 的值称为**幂**。a 的 2 次方,即 a^2,也称为**平方**。a 的 3 次方,即 a^3,也称为**立方**。

当 n 为正整数时，这种幂运算还是比较好懂的。但在数学上，其实 a 和 n 都可以取小数，比如 2.5 的 3.7 次方，即 $2.5^{3.7}$，这就不好懂了。

【题目描述】

输入两个正整数 a 和 n，求 a 的 n 次方。要求用 for 循环实现。

【输入描述】

输入数据占一行，为两个正整数 a 和 n。测试数据保证 a 的 n 次方不超出 int 型范围。

【输出描述】

输出数据占一行，为求得的答案。

【样例输入】	【样例输出】
2 5	32

【题目分析】

在 C++ 语言中，求 a 的 n 次方可以用数学函数 pow 实现。但目前为止，我们还没学数学函数，这里遵循题意，用 for 循环实现。

以样例数据为例，易知 $2^5 = 2 \times 2 \times 2 \times 2 \times 2$。我们要挖掘出重复的运算，就是 "$\times 2$"。从表面上看，这个运算是重复了 4 次，但如果表示成 $2^5 = 1 \times 2 \times 2 \times 2 \times 2 \times 2$，那就是重复了 5 次。

因此 $a^n = 1 \times a \times a \times a \times a \times \cdots \times a$，"$\times a$" 这个运算重复了 n 次。

定义变量 t，存储最后的乘积，t 的初始值应该设置为 1。那么，以下代码要重复执行 n 次：

```
t = t*a;      //在t原来值的基础上再乘以一次a
```

因此本题适合用 for 循环实现，程序的流程如图 10.3 所示。代码如下：

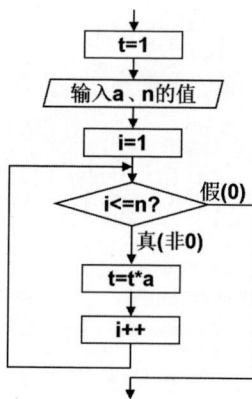

图 10.3　求 a 的 n 次方的流程

```cpp
#include <iostream>
using namespace std;
int main( )
{
    int a, n, t = 1, i;   //i为循环变量
    cin >>a >>n;
    for(i=1; i<=n; i++)
        t = t*a;
    cout <<t <<endl;
    return 0;
}
```

【解析】

在本题中，如果输入 a 和 n 的值为 2 和 5，则 for 循环执行过程如表 10.1 所示。

表 10.1　for 循环执行过程（1）

循环轮次	循环前 i 的值	循环前 t 的值	循环后 t 的值	执行表达式 3 后 i 的值
第 1 轮循环	1	1	2	2
第 2 轮循环	2	2	4	3
第 3 轮循环	3	4	8	4
第 4 轮循环	4	8	16	5
第 5 轮循环	5	16	32	6

【知识点】循环变量

在循环里，有一种变量，它的值在每次循环后都会发生变化，而且往往通过这种变量控制循环执行次数，这种变量称为**循环变量**。例如，在案例 1 中，变量 i 就是循环变量。

在 for 循环中，往往是通过控制循环变量的取值来实现重复执行若干次的。例如，在案例 1 中，i 的初始值为 1，循环条件为 i<=n，因此循环执行了 n 次。但是要注意，退出 for 循环后 i 的值为 n+1，而不是 n，如表 10.1 所示。因为最后执行的运算是 i++，而且只有在 i 的值为 n+1 时，i<=n 才不成立，所以会退出 for 循环。

【知识点】for 循环常用的格式

for 循环很灵活，有很多种写法。for 循环 3 个表达式都可以空缺，但分号不能省略。例如，如果在 for 循环前定义好了循环变量，也初始化了，那么表达式 1 就可以空缺。

对初学者，首先要掌握 for 循环最简单也最容易理解的格式，如下所示：

```
for( 循环变量赋初始值； 循环条件； 修改循环变量 )
    循环体语句
```

10.4　案例 2：求 1+3+5+…+(2n−1)（for 循环）

【题目描述】

输入正整数 n 的值，求 1+3+5+…+(2n−1) 的结果并输出。

【输入描述】

输入占一行，为正整数 n 的值，$1 \leqslant n \leqslant 10000$。

【输出描述】

输出占一行，为 1+3+5+…+(2n−1) 的结果。

【样例输入】   【样例输出】

100   10000

【题目分析】

本题要求 1+3+5+…+(2n-1)，每一项可以用一个通
用的式子 (2*i-1) 来表示，i 从 1 变化到 n，只需反复
把每一项的值加起来，可以用 for 循环实现，其流程
如图 10.4 所示。

代码如下：

```
#include <iostream>
using namespace std;
int main( )
{
    int n; cin >>n;
    int i = 1, s = 0;   //i是循环变量，s是求和的变量
    for( ; i<=n; i++)  //循环变量可以在循环前初始化，表达式1可以省略，但分号不能省
        s = s + (2*i-1);
    cout <<s <<endl;
    return 0;
}
```

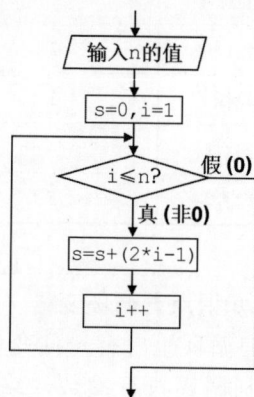

图 10.4　求 1+3+5+…+(2n-1) 的流程

注意，**在循环里定义的变量，不能在循环外使用**。在本题中，由于在 for 循环后面要
输出 s 的值，因此必须在 for 循环前定义变量 s，不能在 for 循环的表达式 1 中定义变量 s。

其实本题还有更好的求解方法，由于 1+3+5+…+(2n-1) = n × n = n^2，所以本题的答案就
是 n × n。这个结论可以由等差数列前 n 项和的求和公式得到，也可以由图 10.5 直观地得到。
图 10.5(a) 中有 n 行 n 列共 n × n 个方格。在图 10.5(b) 中，沿着虚线把每一圈格子抽出来，
n 圈方格，个数分别为 1, 3, 5, …, (2n-1)，这 n 圈格子的总数也是 n × n 个，故有 1+3+5+…+
(2n-1) = n × n。

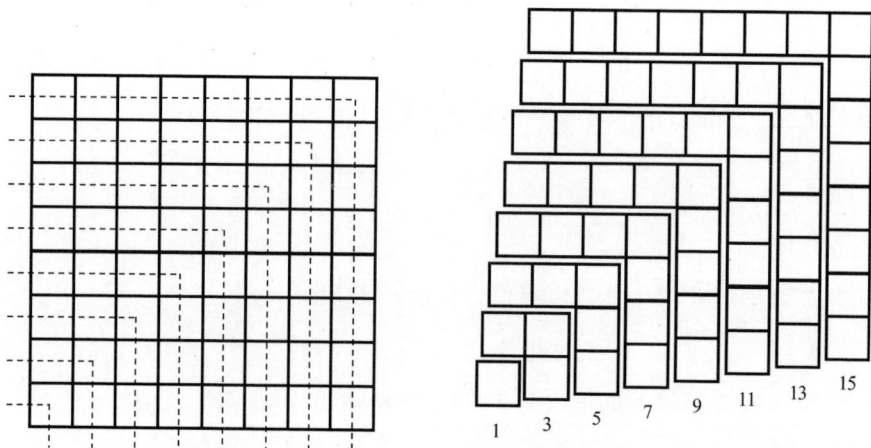

（a）n 行 n 列个方格共 n × n 个　　　（b）n 圈方格，个数分别为 1, 3, 5, …, (2n-1)

图 10.5　1+3+5+…+(2n-1) = n × n 的直观解释

10.5　案例 3：累计相加（GESP 真题）

【题目描述】

输入一个正整数 n，求形如 $1 + (1 + 2) + (1 + 2 + 3) + (1 + 2 + 3 + 4) + \cdots (1 + 2 + 3 + 4 + 5 + \cdots + n)$ 的累计相加。

【输入描述】

输入一个正整数。约定 $1 \leqslant n \leqslant 100$。

【输出描述】

输出累计相加的结果。

【样例输入 1】	【样例输出 1】
3	10

【样例输入 2】	【样例输出 2】
4	20

【样例输入 3】	【样例输出 3】
10	220

【题目分析】

本题有两种求解方法。

（1）仔细观察本题中的求和式，1 出现了 n 次，2 出现了 $(n-1)$ 次，3 出现了 $(n-2)$ 次……i 出现了 $(n+1-i)$ 次……n 出现了 1 次。因此，只需要在 for 循环中控制 i 从 1 取到 n，对 i 的每个取值，将 i*(n+1-i) 加到一个求和的变量 sm 里，最后输出 sm 的值即可。代码如下：

```cpp
#include <iostream>
using namespace std;
int main( )
{
    int n;
    cin >> n;
    int sm = 0;   // 定义计数变量 sm 初始化为 0，用于累加求和
    for (int i = 1; i <= n; i++)
        sm += i * (n - i + 1);
    cout << sm << endl;
    return 0;
}
```

（2）仔细观察本题中的求和式，共有 n 组，第 1 组就是 1，第 2 组是 1+2，第 3 组是 1+2+3……第 i 组是 1+2+3+…+i……第 n 组是 1+2+3+…+n。易知 1+2+3+…+$i = (i + 1) i / 2$。

因此，只需要在 for 循环中控制 i 从 1 取到 n，对 i 的每个取值，将 (i + 1)*i / 2 加到一个求和的变量 sm 里，最后输出 sm 的值即可。代码如下：

```cpp
#include <iostream>
using namespace std;
int main( )
{
    int n;
    cin >> n;
    int sm = 0;                      //定义计数变量sm初始化为0，用于累加求和
    for (int i = 1; i <= n; i++)     //把每一组数的和加起来，i表示当前项数
        sm += (i + 1) * i / 2;       //第i组是1+2+...+i，和是 (i + 1) * i / 2
    cout << sm << endl;              //输出结果
    return 0;
}
```

10.6　取整与四舍五入

如果去超市买一支笔，标价 2.2 元，超市老板估计愿意抹掉零头，卖 2 元。但如果标价为 2.9 元，老板估计不愿意抹掉零头，老板更倾向于卖 3 元，顾客愿不愿意另当别论。这就是四舍五入。

四舍五入是一种常用的近似计算方法。具体规则如下：如果被保留位数的下一位数字小于 5，则直接舍去；如果下一位数字大于或等于 5，则进位。

例如，对一个小数，3.1415926，如果保留 2 位小数并四舍五入，结果为 3.14；如果保留 4 位小数并四舍五入，结果为 3.1416。

将一个浮点数 d 赋给一个整型变量 a，只截取整数部分（即直接抹去小数部分），称为取整，实际上是向下取整，此时不会进行四舍五入；如果要四舍五入，可以用以下代码：

a = d + 0.5;　　//假设a为int型变量，d为浮点型变量，且已经在d中存储了一个浮点数

例如，如果 d = 3.1415926，则 a = d + 0.5，取整后为3；如果 d = 3.5415926，则 a = d + 0.5，取整后为 4。

另外，在用 cout 语句输出一个浮点数并设置精度时会自动进行四舍五入。例如，对浮点数 3.1415926，如果用 cout 语句输出时保留小数点后面 4 位数字，结果为 3.1416。

除了四舍五入到整数部分，或四舍五入到指定的小数位数外，编程解题时可能还有其他四舍五入的要求。详见 10.7 节。

10.7　练习 1：四舍五入到整十数（GESP 真题）

【题目描述】

四舍五入是一种常见的近似计算方法。现在，给定整数 *n*，你需要将每个整数四舍五

入到最接近的整十数。例如，43 四舍五入后为 40，58 四舍五入后为 60。

【输入描述】

共 $n+1$ 行，第一行，一个整数 n，表示接下来输入的整数个数。

接下来 n 行，每行一个整数 $a_1, a_2, \cdots, a_n$，表示需要四舍五入的整数。

【输出描述】

共 n 行，每行一个整数，表示每个整数四舍五入后的结果。

【样例输入】　　　　　　　　　　【样例输出】

```
5                              40
43                             60
58                             30  ·
25                             70
67                             90
90
```

【数据范围】

对于所有测试点，保证 $1 \leqslant n \leqslant 100$，$1 \leqslant a_i \leqslant 1000$。

【题目分析】

在本题中，n 的值输入之后，程序就知道接下来有 n 个要四舍五入的整数，这也属于"明确知道要重复多少次"的情形。因此，本题可以用 `for` 循环实现。每次循环，读入一个整数 a，本题要将 a 四舍五入到整十的数，实现方法为 (a + 5) / 10 * 10。例如，a = 43，(a + 5) / 10 * 10 = 40；a = 58，(a + 5) / 10 * 10 = 60。

代码如下：

```cpp
#include <iostream>
using namespace std;
int main( )
{
    int n;  cin >> n;
    int a;   //读入的每个整数
    for (int i = 1; i <= n; i ++) {
        cin >> a;
        cout << (a + 5) / 10 * 10 << endl;
    }
    return 0;
}
```

10.8 　数列及相关问题

数列是一组排列有序的数，数列中的数通常具有某种规律。数列中的每一个数都叫作这个数列的**项**。排在第一位的数称为这个数列的第 1 项（通常也叫作首项），排在第二位的数称为这个数列的第 2 项，以此类推，排在第 n 位的数称为这个数列的第 n 项。

数列的例子：

1, 2, 3, $\cdots$, n, $\cdots$

1, 3, 5, 7, 9, $\cdots$, $2n-1$, $\cdots$

1, 2, 4, 8, 16, 32, 64, 128, $\cdots$, $2n$, $\cdots$

等差数列是指从第 2 项起，每一项与它的前一项的差等于同一个常数的一种数列。这个常数叫作等差数列的公差，公差通常用 d 表示。例如，1, 3, 5, 7, 9, $\cdots$, $2n-1$ 就是一个等差数列，公差 d 为 2。所谓"等差"，就是后一个数减前一个数得到的差是相等的。

等比数列是指从第 2 项起，每一项与它的前一项的比值（就是后一个数除以前一个数得到的商）等于同一个常数的一种数列。这个常数叫作等比数列的公比，公比通常用字母 q（$q \neq 0$）表示。等比数列的首项 $a_1 \neq 0$。例如，1, 2, 4, 8, 16, 32, 64, 128, $\cdots$ 就是一个等比数列，公比 q 为 2。所谓"等比"，就是后一个数跟前一个数的比值是相等的。

数列相关问题包括求数列的第 n 项以及求数列前 n 项和等。

（1）根据数列各项的规律，由已知的第 1 项（或第 1、2 项等）出发，推算出第 n 项的值。

（2）求数列前 n 项和 $s = a_1 + a_2 + \cdots + a_n$，$a_i$ 为数列中的项。

10.9　在程序中实现数学上的递推

递推是指从已知的初始条件出发，依据某个关系式，逐次推出所要求的各个中间结果及最后结果。例如，在等差数列中，已知首项 a_1 和公差 d，后一项 = 前一项 $+d$，由此可求得 $a_2=a_1+d$, $a_3=a_2+d$, $a_4=a_3+d$, $\cdots$, $a_{n+1}=a_n+d$，从而可以求出等差数列的任意项。

但是，这种递推在程序实现时面临一个现实的困难：在程序中不可能定义这么多变量。借助循环和变量的值具有"以新冲旧"的特点，只需要定义很少的变量就能递推出很多项。例如，可以定义变量 an 表示等比数列中的每一项，初始为第 1 项的值 a1，执行一次 an = an+d，an 就表示第 2 项，反复执行这条语句，就可以递推出每一项。

注意，本章及后续章节很多案例都涉及在程序中实现数学上的递推。

10.10　练习 2：输出等差数列

【题目描述】

等差数列是指从第二项起，每一项与它的前一项的差等于同一个常数的一种数列，这个常数叫作等差数列的公差。例如，1, 3, 5, 7, 9, $\cdots$, $2n-1$ 就是一个等差数列。

输入首项 a，项数 n，公差 d，输出等差数列。

【输入描述】

输入占 1 行，为 3 个正整数 a、n 和 d（$1 \leqslant a \leqslant 10, 1 \leqslant n \leqslant 100, 1 \leqslant d \leqslant 20$）。

【输出描述】

输出共 n 行，每行 1 个整数。

【样例输入】	【样例输出】
3 4 3	3
	6
	9
	12

【题目分析】

输入 a、n 和 d 的值。根据 10.9 节的内容，需要再定义一个变量 an，表示等差数列中的每一项，an 的初始值为第 1 项 a。用 for 循环实现重复 n 次，每次先输出 an 表示的这一项，然后用 an = an + d 就能由当前一项 an 递推出下一项，仍然将之存储在变量 an 中，下一次循环就是输出新的这一项了。代码如下：

```
#include <bits/stdc++.h>
using namespace std;
int main( )
{
    int a, n, d;  cin >>a >>n >>d;
    int an = a;          //an表示每一项，初始为第1项a
    for(int i=1; i<=n; i++){
        cout <<an <<endl;
        an = an + d;    //由当前项an递推出下一项，仍然将之存储在an中
    }
    return 0;
}
```

【解析】

在本题中，如果输入 a、n 和 d 的值 3、4 和 3，则 for 循环执行过程如表 10.2 所示。

表 10.2　for 循环执行过程（2）

循环轮次	循环前 an 的值	递推后 an 的值
第 1 轮循环	3	6
第 2 轮循环	6	9
第 3 轮循环	9	12
第 4 轮循环	12	15

如表 10.2 所示，每一轮循环，先输出 an 表示的这一项，然后递推出下一项，这个下一项是在下一次循环时输出的，所以 15 的值并没有输出。

10.11 练习 3：输出等比数列

【题目描述】

等比数列是指从第二项起，每一项与它的前一项的比值等于同一个常数的一种数列。这个常数叫作等比数列的公比，公比通常用字母 q（$q \neq 0$）表示，等比数列首先 $a_1 \neq 0$。

输入首项 a_1，项数 n，公比 q，输出等比数列。

【输入描述】

输入占 1 行，为 3 个整数 a_1（$1 \leqslant a_1 \leqslant 10$）、$n$（$1 \leqslant n \leqslant 10$）和 q（$1 \leqslant q \leqslant 5$）。

【输出描述】

输出 n 行，每行 1 个整数，表示等比数列的某一项。

【样例输入】   【样例输出】

```
3 4 2
```

```
3
6
12
24
```

【题目分析】

本题跟 10.10 节的题相比，唯一的区别就是递推式子换成了 $a_n = a_n \times q$。代码如下：

```cpp
#include <bits/stdc++.h>
using namespace std;
int main( )
{
    int a, n, q;  cin >>a >>n >>q;
    int an = a;        //an表示每一项,初始为第1项a
    for(int i=1; i<=n; i++){
        cout <<an <<endl;
        an = an*q;   //由当前一项an递推出下一项,仍然将之存储在an中
    }
    return 0;
}
```

【解析】

在本题中，如果输入 a、n、q 的值为 3、4、2，则 for 循环执行过程如表 10.3 所示。

表 10.3　for 循环执行过程（3）

循环轮次	循环前 an 的值	递推后 an 的值
第 1 轮循环	3	6
第 2 轮循环	6	12
第 3 轮循环	12	24
第 4 轮循环	24	48

如表 10.3 所示，每一轮循环，先输出 an 表示的这一项，然后递推出下一项，这个下一项是在下一次循环时输出的，所以 48 的值并没有输出。

10.12 基础知识练习（GESP 真题）

【选择题】

1. 下列关于 C++ 语言的叙述，不正确的是（　　）。

   A. 变量使用前必须先定义　　　　　B. if 语句中的判断条件必须写在 ( ) 中

   C. for 语句的循环体必须写在 { } 中　　D. 程序必须先编译才能运行

2. 在下列代码的横线处填写（　　），可以使得输出是"111111"。

```cpp
#include <iostream>
using namespace std;
int main() {
    for (int i = 1; i <= 16; _____) // 在此处填入代码
        cout << 1;
    return 0;
}
```

   A. i++　　　　　　B. i += 3　　　　　C. i *= 2　　　　　D. i = i * 3 - 1

3. 在下列代码的横线处填写（　　），可以使得输出是"1248"。

```cpp
#include <iostream>
using namespace std;
int main() {
    for (int i = 1; i <= 8; _____) // 在此处填入代码
        cout << i;
    return 0;
}
```

   A. i++　　　　　　B. i *= 2　　　　　C. i += 2　　　　　D. i * 2

4. 下面 C++ 代码执行后的输出是（　　）。

```cpp
int cnt = 0;
for (int i = 1; i <= 5; i++)
    cnt = cnt + 1;
cout << cnt;
```

   A. 1　　　　　　　B. 4　　　　　　　C. 5　　　　　　　D. 10

5. 下面 C++ 代码执行后的输出是（　　）。

```cpp
int tnt = 0;
for (int i = 1; i < 5; i += 2)
    tnt = tnt + i;
cout << tnt;
```

A. 2　　　　　　B. 4　　　　　　　C. 9　　　　　　　D. 10

6. 在下列代码的横线处填写（　　　），可以使得输出是正整数 1234 各位数字的平方和。

```
int n = 1234, s = 0;
for (; n; n /= 10)
    s += _____; // 此处填写代码
cout << s<< endl;
```

A. n / 10　　　　　　　　　　　B. (n / 10) * (n / 10)

C. n % 10　　　　　　　　　　　D. (n % 10) * (n % 10)

7. 执行以下 C++ 语言程序后，输出结果是（　　　）。

```
int n = 5, s = 1;
for (; n = 0; n--)
    s *= n;
cout << s << endl;
```

A. 1　　　　　　B. 0　　　　　　　C. 120　　　　　　D. 无法确定

8. 下面对 C++ 代码执行后输出的描述，正确的是（　　　）。

```
cin >> N;
cnt = 0;
for(int i = 1; i < N; i++)
    cnt += 1;
cout << cnt;
```

A. 如果输入的 N 是小于等于 2 的整数，第 5 行将输出 0。

B. 如果输入的 N 是大于等于 2 的整数，第 5 行将输出 N-1。

C. 如果输入的 N 是大于等于 2 的整数，第 5 行将输出 N。

D. 以上说法均不正确。

9. 下面 C++ 代码执行后输出的是（　　　）。

```
cnt = 0;
for(int i= 1; i < 10; i++){
    cnt += 1;
    i +=2;
}
cout<< cnt;
```

A. 10　　　　　　B. 9　　　　　　　C. 3　　　　　　　D. 1

10. 对下面的代码，描述正确的是（　　　）。

```
#include <stdlib.h>

using namespace std;

int main(){
    int arr[] = (2,6,3,5,4,8,1,0,9,10);
```

```cpp
    for(int i = 0;i < 10;i++)
        cout << arr[i] << " ";
    cout << i << endl;

    cout << endl;
    return 0;
}
```

A. 输出 2 6 3 5 4 8 1 0 9 1 10 10
B. 输出 2 6 3 5 4 8 1 0 9 9
C. 输出 2 6 3 5 4 8 1 0 9 10
D. 提示有编译错误

11. 执行下面 C++ 代码后输出的是（   ）。

```cpp
cnt = 0;
for (i = 10; i > 3; i -= 3)
    cnt = cnt + i;
cout << cnt;
```

A. 3   B. 21   C. 27   D. 49

12. 下面 C++ 代码第 2 行，总共被执行次数是（   ）。

```cpp
for(int i=-10; i<10; i++)
    cout << i << " ";
```

A. 10   B. 19   C. 20   D. 21

13. 下面 C++ 代码执行后输出的是（   ）。

```cpp
int Sum = 0, i = 0;
for ( ; i < 10; )
    Sum += i++;
cout << i << " " << Sum;
```

A. 9 45   B. 10 55   C. 10 45   D. 11 55

14. 执行下面 C++ 代码后输出的 cnt 的值是（   ）。

```cpp
int cnt=0;

for(int i = 0; i*i < 64; i+=2)
    cnt++;
cout << cnt;
```

A. 8   B. 7   C. 4   D. 1

15. 下面 C++ 代码执行后输出是（   ）。

```cpp
int Sum = 0;
for (int i = 0; i < 10; i++)
    Sum += i;
cout << Sum;
```

A. 55   B. 45   C. 10   D. 9

16. 下面 C++ 代码执行后输出的是（   ）。

```
int N = 0;
for (int i = 0; i < 10; i++)
    N += 1;
cout << N;
```

    A. 55   B. 45   C. 10   D. 9

17. 下面 C++ 代码执行后输出的是（   ）。

```
int count= 0, i, s;
for (i = 0, s = 0 ; i < 20; i++, count++)
    s += i++;
cout << s << " " << count;
```

    A. 190 20   B. 95 10   C. 90 19   D. 90 10

18. 下面 C++ 代码执行后输出的是（   ）。

```
int N=0, i;
for (i = 1; i < 10; i++)
    N += 1;
cout << (N + i);
```

    A. 54   B. 20   C. 19   D. 18

19. 下面 C++ 代码执行后输出的是（   ）。

```
int tnt = 0;
for (int i = 0; i < 100; i++)
    tnt += i % 10;
cout << tnt;
```

    A. 4950   B. 5050   C. 450   D. 100

20. 下面 C++ 代码执行后输出的是（   ）。

```
int cnt;

cnt = 0;
for(int i = 1; i < 10; i++)
    cnt += i++;
cout << cnt;
cout << endl;
```

    A. 54   B. 45   C. 25   D. 10

21. 下面 C++ 代码执行后输出的是（   ）。

```
int tnt = 0;
for (int i = -1000; i < 1000; i++)
    tnt += i;
cout << tnt << endl;
```

A. −1000   B. 0   C. 999   D. 1000

【判断题】

1. 下列代码会输出 50 个 1。（   ）

```
for (int i = 1; i <= 100; i *= 2) {
    cout << 1;
}
```

2. for 语句的语法为 for (表达式 1; 表达式 2; 表达式 3)。其中的 3 个表达式均可以为空。（   ）

3. for 语句的循环体至少会执行 1 次。（   ）

4. C++ 的循环语句 for(int i=0; i<10; i+=2) 表示 i 从 0 开始到 10 结束但不包含 10，间隔为 2。（   ）

5. for(int i=1; i<10; i+=3)；表示 i 从 1 开始到 10 结束间隔为 3，相当于 1、4、7、10。（   ）

6. 下面 C++ 代码能够执行，则将输出 45。   （   ）

```
for (int i = 0; i < 10; i++)
   Sum += i;
cout << Sum;
```

7. 执行下面的 C++ 代码后，最后一次输出是 10。   （   ）

```
for (int i = 1; i < 10; i+=3)
    cout << i << endl;
```

8. 执行下面的 C++ 代码，将执行 3 次输出（第二行代码将被执行 1 次）。（   ）

```
for (int i = 0; i < 10; i+=3)
    cout << i;   //L2
```

9. 执行下面的 C++ 代码将报错，因为 "_" 不可以做变量名。（   ）

```
for (int _ = 0; _ < 100; _++)
    cout << "*" << endl;
```

10. 执行下面的 C++ 代码，将先后输出 3 和 5。（   ）

```
for (int i = 3; i < 5; i += 2)
    printf("%d ", i);
```

11. 执行下面的 C++ 代码，将先后输出 7 个 true。（   ）

```
for (int i = 0; i < 10; i++)
    cout << (i * 2 < i * i) << " ";
```

第 11 章 while 循环和 do-while 循环

本章主要内容

- 介绍 C++ 语言另外两种循环——while 循环和 do-while 循环，这两种循环都是根据条件判断是否继续循环下去。
- 如果循环条件永远成立，循环永远不会结束，这种循环称为永真循环或死循环。永真循环要慎用。

11.1 while 循环和 do-while 循环

在 C++ 语言中，除了 for 循环，还有另外两种循环——while 循环和 do-while 循环。注意，在实际应用中 do-while 循环几乎不用，因此了解即可。

1. while 循环

while 循环的一般形式如下：

```
while(表达式)
    循环体
```

while 循环的执行过程：如果充当条件判断的表达式为真（非 0），执行循环体语句；循环体执行完后又返回到循环条件判断处；如果循环条件仍然成立，重复上述过程；如果循环条件不成立，则整个循环结构执行完毕，其流程如图 11.1 所示。

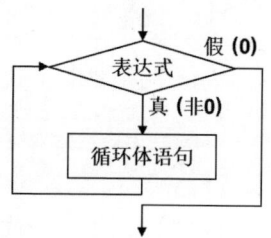

图 11.1 while 循环流程

2. do-while 循环

do-while 循环的一般形式如下：

```
do
    循环体
while(表达式);        //注意，这里的分号不可省略
```

注意，do-while 循环在 while(表达式) 后面要加分号，while 循环则不能加分号。

do-while 循环的执行过程：先执行一次循环体语句，然后判别充当条件判断的表达式；如果表达式为真（表达式的值为非 0），返回重新执行循环体语句，如此反复，直到表达式的值等于 0 为止，此时循环结束，其流程如图 11.2 所示。

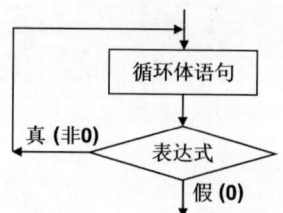

图 11.2 do-while 循环流程

3. while 循环和 do-while 循环的区别

二者的区别在于：while 循环是"事先请示"，先判断循环条件，循环条件满足才执行循环体；do-while 循环是"先斩后奏"，先执行一次循环体，然后判断循环条件，如果满足还会执行下一次循环体。所以，do-while 循环至少会执行一次循环体。有的时候，do-while 循环的逻辑是错的，如果循环条件一开始就不成立，do-while 循环还是会执行一次循环体。

以"取钱"这个例子为例，假设每个月从一张银行卡里取 800 元钱，假定不可以透支，问可以取多少次？取钱一般有两种习惯：先查询再取钱；或者先取钱再查询。这两种取钱方式分别相当于 while 循环和 do-while 循环，如图 11.3 所示。"先查询再取钱"的方式总是先判断余额是否大于或等于 800 元，如果是，则可以取钱，相当于 while 循环；而"先取钱再查询"的方式是先取钱，然后判断余额是否大于或等于 800 元，如果是，则下次还可以取钱，相当于 do-while 循环。在这个例子里，do-while 循环的逻辑是不合理的，如果银行卡上的金额初始时就少于 800 元，按照 do-while 循环的逻辑则仍然可以取到第一笔 800 元。

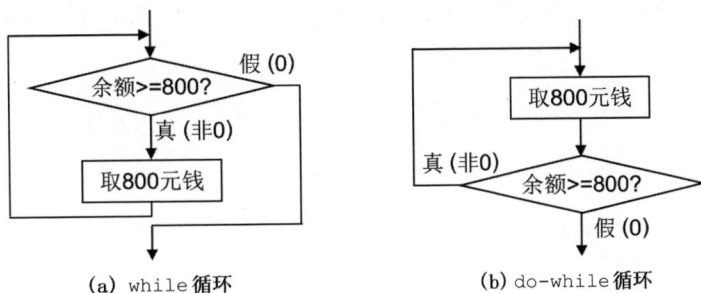

图 11.3 while 循环与 do-while 循环的对比

11.2 永真循环、死循环

如前所述，while 循环是根据某个条件来判断是否要继续循环下去的，如果这个条件为 true，则继续执行下去。但是，如果这个条件永远为 true 呢？**很不幸，这种循环永远都不会结束，这种循环称为永真循环或死循环。**

注意，永真循环（或死循环）不是 while 循环特有的，对 for 循环，如果循环条件一直成立，也会陷入死循环。

例如，在 11.3 节中，如果把 while 循环体里的 i++ 这行代码注释掉，则因为 i 的值不会发生改变，一直为初始值 1，从而 i<=n 这个循环条件永远成立，这个程序永远不会结束，除非强行终止或关闭运行窗口。

在运行程序时，怎么判断程序陷入死循环呢？把 11.3 节程序中 while 循环体里的 i++ 这行代码注释掉，运行程序，输入 5，发现程序一直没有输出结果，但光标在闪烁，如图 11.4 所示。光标闪烁有两种情形：等待用户输入数据；程序陷入死循环了。这时可以尝试从键盘上输入数据，若没有反应，说明不是第 1 种情形，而是第 2 种情形，程序陷入死循环了。

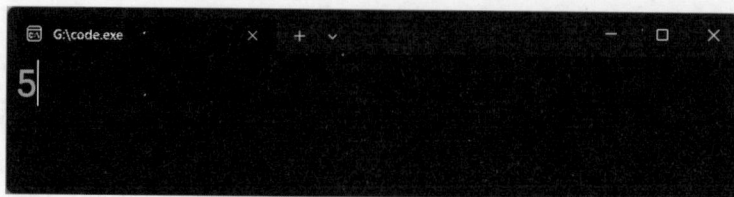

图 11.4　程序陷入死循环

有的时候，我们可以在 while 循环里设置 break 语句，在满足某个条件时可以退出 while 循环，详见第 13 章中的案例。所以，永真循环可以用，但要谨慎使用。

11.3　案例 1：求 a 的 n 次方（while 循环）

【题目描述】

输入两个正整数 a 和 n，求 a 的 n 次方。要求分别用 while 循环和 do-while 循环实现。

【输入描述】

输入数据占一行，为两个正整数 a 和 n。测试数据保证 a 的 n 次方不超出 int 型范围。

【输出描述】

输出数据占一行，为求得的答案。

【样例输入】	【样例输出】
2 5	32

【题目分析】

本题需要用循环实现，在 1 的基础上重复执行"乘以 a"的运算 n 次。

用 while 循环和 do-while 循环实现的代码如下：

```cpp
#include <iostream>
using namespace std;
int main( )
{
    int a, n, t = 1;
    cin >>a >>n;
    int i = 1;
    while(i<=n){
        t = t*a;
        i++;
    }
    cout <<t <<endl;
    return 0;
}
```

```cpp
#include <iostream>
using namespace std;
int main( )
{
    int a, n, t = 1;
    cin >>a >>n;
    int i = 1;
    do{
        t = t*a;
        i++;
    }while(i<=n);   //分号不能省略
    cout <<t <<endl;
    return 0;
}
```

【知识点】while 循环和 for 循环对比

while 循环和 for 循环其实是等价的，也就是说，能用 for 循环求解的问题，肯定也能用 while 循环实现，反之亦然。但是 for 循环更简洁，而在用 while 循环实现时，往往要在循环前给循环变量赋初始值，且在循环体内要修改循环变量的值，如图 11.5 所示，因此 while 循环的循环体往往不止一行代码，需要用花括号括起来。

```
for( 循环变量赋初始值； 循环条件； 修改循环变量 )        循环变量赋初始值；
    循环体语句；                                        while(循环条件){
                                                          循环体语句；
                                                          修改循环变量；
                                                      }
```

图 11.5　for 循环和 while 循环的对比

11.4　案例2：求 1+3+5+…+(2n−1)（while 循环）

【题目描述】

输入正整数 n 的值，求 1+3+5+…+(2n−1) 的结果并输出。要求用 while 循环实现。

【输入描述】

输入占一行，为正整数 n 的值，$1 \leqslant n \leqslant 10000$。

【输出描述】

输出占一行，为 1+3+5+…+(2n−1) 的结果。

【样例输入】   【样例输出】

100   5050

【题目分析】

本题需要把 1, 3, 5, …, (2n−1) 的值加起来，可以用一个通用的式子 (2*i−1) 来代表需要求和的数，i 的初始值为 1，每次递增 1，这样 i 的值就是 1, 2, 3, …，在这个过程中把 (2*i−1) 的值加起来。用 while 循环实现时，i 就是循环变量，需要在 while 循环前面设置 i 的初始值为 1；在循环体里，每次循环，i 的值都会递增 1；循环条件是 i<=n。

代码如下：

```cpp
#include <iostream>
using namespace std;
int main( )
{
    int i = 1, s = 0;   //循环变量初始化
    int n; cin >>n;
```

```
    while(i<=n){
        s = s + (2*i-1);
        i++;   //改变循环变量的值
    }
    cout <<s <<endl;
    return 0;
}
```

11.5 案例 3：求一个整数的位数

【题目描述】

输入一个正整数，输出它的位数。

【输入描述】

输入占一行，为一个正整数 n，n 为 [1, 2147483647] 内的数。

【输出描述】

输出占一行，为求得的 n 的位数。

【样例输入】   【样例输出】

| 67089 | 5 |

【题目分析】

前面学过，一个正整数对 10 取余，得到的是个位；除以 10，位数少一位（个位没有了）。反复进行这样的处理，直到这个正整数变成 0，就可以提取每一位数字。在这个过程中统计数字的个数，就能统计出正整数的位数。

代码如下：

```
#include <iostream>
using namespace std;
int main( )
{
    int n;  cin >>n;
    int cnt = 0;                //统计位数
    int t = n;                  //临时变量
    while(t){
        cnt++;   t = t/10;
    }
    cout <<cnt <<endl;
    return 0;
}
```

【解析】

在本题中，如果输入的 n 为 67089，则 while 循环执行过程如表 11.1 所示。

表 11.1 while 循环执行过程（1）

循环轮次	循环前 n 的值	n%10 的值	循环后 n 的值
第 1 轮循环	67089	9	6708
第 2 轮循环	6708	8	670
第 3 轮循环	670	0	67
第 4 轮循环	67	7	6
第 5 轮循环	6	6	0

【知识点】提取一个正整数的每一位数字

如上面的解析所示，输入的正整数 n 为 67089，采用"反复对 10 取余再除以 10"的方法，n 依次变化为 67089 → 6708 → 670 → 67 → 6 → 0，此后循环条件不成立，循环结束。

通过循环反复取一个正整数的每一位数字，像砍甘蔗一样，将一根很长的甘蔗削皮后砍成一节节，直到砍完，每一节就相当于正整数的一位数字。

11.6 练习 1：折纸

【题目背景】

假定一张纸的厚度是 0.1 毫米。每对折一次，厚度翻番（即变成 2 倍）。假定可以无限次对折。那么这张纸对折多少次将达到甚至超过你的身高，对折多少次将达到甚至超过一栋楼的高度？只需要对折 27 次，就能超过世界最高峰——珠穆朗玛峰的高度（8848.86 米），如图 11.6 所示。你能想象出来吗？

图 11.6 将一张纸对折 27 次，厚度超过珠穆朗玛峰的高度

【题目描述】

输入一个高度 h（单位：米），问要对折多少次就能达到或超过 h？

【输入描述】

输入占一行，为一个浮点数 h。

【输出描述】

输出求得的答案。

【样例输入 1】	【样例输出 1】
1.80	15

【样例输入 2】	【样例输出 2】
8848.86	27

【题目分析】

首先将输入的高度 h 换算成毫米，要乘以 1000。再定义浮点型变量 ch，表示每次对折后的厚度，初始值为 0.1。再定义一个变量 n，表示对折次数，初始值为 0。用 while 循环实现，只要满足 ch<h，就反复将 ch 乘以 2，n 加 1。当 ch>=h 时，退出 while 循环。此时 n 的值就是答案了。

代码如下：

```cpp
#include <iostream>
using namespace std;
int main( )
{
    int n = 0;              //对折次数
    double h, ch = 0.1;     //0.1毫米
    cin >>h;
    h = h*1000;             //转换成毫米
    while(ch<h){
        ch = ch*2;
        n++;
    }
    cout <<n <<endl;
    return 0;
}
```

11.7　练习 2：折半

【题目描述】

输入一个正整数 n，每次取它的一半，问多少次后它的整数部分会变成 0。

【输入描述】

一个正整数 n，不超过 int 型范围。

【输出描述】

输出将 *n* 不断除以 2，直到变成 0 操作的次数。

【样例输入】	【样例输出】
10	4

【样例解释】

对 10，第 1 次除以 2，得到 5；第 2 次除以 2，得到 2；第 3 次除以 2，得到 1；第 4 次除以 2，得到 0。

【题目分析】

本题用 while 循环实现更容易。定义变量 cnt 表示折半次数。while 循环条件是 n>0，直接用 n 作为循环条件也是可以的。每次循环，n 除以 2 并更新，cnt 加 1。循环结束后，cnt 的值就是本题的答案。

代码如下：

```cpp
#include <iostream>
using namespace std;
int main( )
{
    int n, cnt = 0;  cin >>n;
    while(n){
        n /= 2;
        cnt++;
    }
    cout <<cnt <<endl;
    return 0;
}
```

【解析】

在本题中，如果输入的 n 为 10，则 while 循环执行过程如表 11.2 所示。

表 11.2 while 循环执行过程（2）

循环轮次	循环前 n 的值	循环后 n 的值	循环后 cnt 的值
第 1 轮循环	10	5	1
第 2 轮循环	5	2	2
第 3 轮循环	2	1	3
第 4 轮循环	1	0	4

11.8　练习 3：求一个整数的各位和

【题目描述】

输入一个正整数，输出它的每一位数字的和。

【输入描述】

输入占一行，为一个正整数 n，n 为 [1, 2147483647] 内的数。

【输出描述】

输出占一行，为正整数 n 的每一位数字的和。

【样例输入】	【样例输出】
43015	13

【题目分析】

案例 3 实现了提取一个正整数的每一位上的数字，在这个过程中把每一位数字加起来就是本题的答案。

代码如下：

```cpp
#include <iostream>
using namespace std;
int main( )
{
    int n;  cin >>n;
    int s = 0;              //每一位数字和
    int t = n;              //临时变量
    while(t){
        s += t%10;
        t = t/10;
    }
    cout <<s <<endl;
    return 0;
}
```

11.9 基础知识练习（GESP 真题）

【选择题】

1. 以下哪个不是 C++ 语言的关键字？（   ）

   A. double   B. else   C. while   D. endl

2. 执行以下 C++ 代码，输出的是（   ）。

```cpp
int n = 5;
int cnt = 1;
while (n >= 0) {
    cnt += 1;
    n -= 2;
}
cout << cnt;
```

A. 3   B. 4   C. 6   D. 7

3. 在下面的框架 L1 和 L2 标记的两行处分别填写选项中的代码，哪组不能通过编译
（   ）。

```cpp
int main() {
    int i = 0;
    _____ // L1
            break;
    _____ // L2
return 0;
}
```

A.
```cpp
do {
} while (i != 0);
```

B.
```cpp
for (; i < 10; i++) {
}
```

C.
```cpp
if (i == 0) {
}
```

D.
```cpp
switch (i) {
}
```

【判断题】

1. 在 while 语句中，while 后的 ( ) 中的表达式只能是逻辑或者关系表达式。 （   ）
2. C++ 中，while 和 do-while 语句的功能完全相同。 （   ）
3. 能用 while 语句编写的循环，就可以使用 for 语句编写出具有同样功能的循环。（   ）
4. do-while 语句的循环体至少会执行一次。 （   ）
5. 在 C++ 语言中，do-while 循环不可能导致死循环，但 while 循环有可能。 （   ）
6. 任何一个 while 循环都可以转化为等价的 for 循环。 （   ）
7. 在 C++ 中，while 可能是死循环，而 for 循环不可能是死循环。 （   ）
8. 任何一个 for 循环都可以转化为等价的 while 循环。 （   ）

第12章　程序控制结构的嵌套

本章主要内容

- 介绍两种程序结构嵌套的概念。
- 主要介绍在循环结构中嵌套分支结构，在分支结构中嵌套循环结构。
- 介绍计数器和累加器的概念。

12.1　生活中的嵌套

生活和数学中有很多嵌套的例子。一个事物完整地包含另一个相同的或相似的事物，就可以称为**嵌套**。详见以下例子。

（1）网上购物，收到的商品往往首先是快递箱，打开之后才是商品的包装箱，所以快递箱嵌套了商品的包装箱。

（2）我们穿衣服，一件套一件，也是嵌套。

（3）俄罗斯套娃是俄罗斯特产的木制玩具，一般由多个图案类似的空心娃娃一个套一个组成，可多达十多个，通常近似为圆柱形，底部平坦可以直立，颜色有红色、蓝色、绿色、紫色等，如图12.1所示。

图 12.1　俄罗斯套娃

（4）数学上括号的嵌套：$((2+3) \times 4 - (7 \times 3)) + 6$。

12.2　程序控制结构的嵌套

我们在第9章介绍了分支结构的嵌套，一个程序控制结构完整地包含另一个相同或不同的程序控制结构，称为**嵌套**。本章讲解在循环结构（for/while 循环）里嵌套分支结构、在分支结构里嵌套循环结构，如图 12.2 所示。

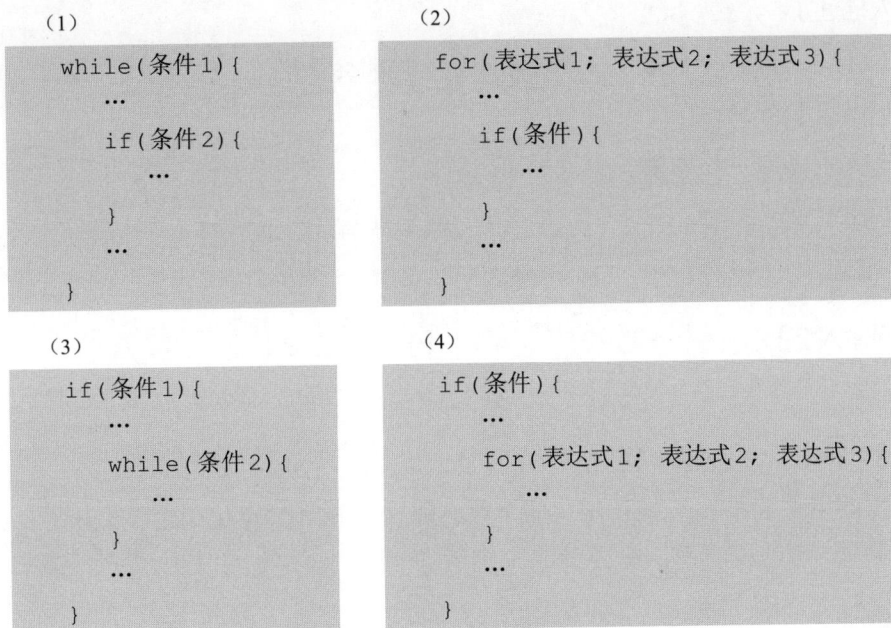

(1)
```
while(条件1){
    ...
    if(条件2){
        ...
    }
    ...
}
```

(2)
```
for(表达式1; 表达式2; 表达式3){
    ...
    if(条件){
        ...
    }
}
```

(3)
```
if(条件1){
    ...
    while(条件2){
        ...
    }
    ...
}
```

(4)
```
if(条件){
    ...
    for(表达式1; 表达式2; 表达式3){
        ...
    }
    ...
}
```

图 12.2　程序控制结构的嵌套

本章涉及的一些案例，需要在循环结构里嵌套条件判断。为什么要嵌套呢？这是因为在很多应用场合，要检查每个数据，这需要用循环实现；对每个数据，还要判断是否符合要求并统计个数或累加，这需要用到条件判断，因此是循环结构里包含分支结构。

12.3　计数器和累加器

计数器和累加器其实都是变量。

计数，就是统计个数。在程序中经常需要计数。一般需要专门定义一个变量，假设为 cnt（cnt 是 count 的简写），初始值一般为 0，每当找到一个符合要求的数据，cnt 就加 1。这种变量称为**计数器**。计数的例子：统计某班学生中姓李的学生个数；统计一次考试后 90 分以上的成绩个数；某班级投票选班长，对每个候选人，在黑板上用"正"字统计票数。

累加，就是把符合要求的数加起来。一般需要专门定义一个变量，假设为 s，初始值一般为 0，每当找到一个符合要求的数据，就把它加到 s 上。这种变量称为**累加器**。累加的例子：乘坐电梯时统计所有乘客体重总和；统计一次考试后女生的成绩总和。

12.4　案例1：闰年统计（GESP 真题）

【题目描述】

小明刚刚学习了如何判断平年和闰年，他想知道两个年份之间（包含起始年份和终止年份）有几个闰年。你能帮帮他吗？

【输入描述】

输入一行，包含两个整数，分别表示起始年份和终止年份。约定年份在 1 和 2022 之间。

【输出描述】

输出一行，包含一个整数，表示闰年的数量。

【样例输入 1】	【样例输出 1】
2018 2022	1

【样例输入 2】	【样例输出 2】
2000 2004	2

【题目分析】

本题需要用计数器 cnt 统计闰年的个数。用 for 循环检查从起始年份和终止年份之间的每个年份，判断是否为闰年，如果是，计数器加 1。这需要在 for 循环中嵌套 if 语句实现。

代码如下：

```cpp
#include <iostream>
using namespace std;
int main( )
{
    int s = 0, t = 0, cnt = 0;   //s、t 分别为起始年份和终止年份，cnt 为闰年的个数计数器
    cin >> s >> t;
    for (int y = s; y <= t; y++) {
        if (y % 400 == 0 || (y % 4 == 0 && y % 100 != 0))
            cnt++;
    }
    cout << cnt << endl;
    return 0;
}
```

12.5 案例 2：奇数和偶数（GESP 真题）

【题目描述】

有 n 个正整数，小杨想知道其中的奇数有多少个，偶数有多少个。

【输入描述】

第一行包含一个正整数 n，代表正整数个数。

之后 n 行，每行包含一个正整数。

【输出描述】

输出两个正整数（用英文空格间隔），代表奇数的个数和偶数的个数。如奇数或偶数的个数为 0，则对应输出 0。

【数据范围】

对于全部数据，保证有 $1 \leqslant n \leqslant 10^5$ 且正整数大小不超过 10^5。

【样例输入】   【样例输出】

```
5                                       3 2
1
2
3
4
5
```

【题目分析】

n 的值输入之后，n 的值就是确定的。因此可以用 for 循环实现输入每个数，存储在变量 t，然后判断 t 是否为奇数。本题以下代码用 cnt1 和 cnt2 分别统计奇数和偶数的个数。当然，也可以只统计奇数的个数，n 减奇数的个数得到的就是偶数的个数。

代码如下：

```cpp
#include <iostream>
using namespace std;
int main( )
{
    int n, t;
    int cnt1 = 0, cnt2 = 0;   //两个计数器，分别为奇数和偶数的个数
    cin >>n;
    for(int i=1; i<=n; i++){
        cin >>t;
        if(t%2!=0)  cnt1++;
        else  cnt2++;
    }
    cout <<cnt1 <<" " <<cnt2 <<endl;
    return 0;
}
```

12.6 案例 3：小明的幸运数（GESP 真题）

【题目描述】

所有个位数为 k 的正整数，以及所有 k 的倍数，都被小明称为 "k 幸运数"。小明想知

道正整数 L 和 R 之间（包括 L 和 R）所有 k 幸运数的和，你能帮帮他吗？

【输入描述】

输入 3 行。第一行包含一个正整数 k，第二行包含一个正整数 L，第三行包含一个正整数 R。约定 $2 \leqslant k \leqslant 9$，$1 \leqslant L \leqslant R \leqslant 1000$。

【输出描述】

输出 1 行，符合题意的幸运数之和。

【样例输入1】   【样例输出1】

```
7                                    7
1
10
```

【样例输入2】   【样例输出2】

```
7                                    31
10
20
```

【样例解释1】

1 和 10 之间共有 1 个"7 幸运数"：7。因为 7 既是 7 的倍数，个位数又为 7。因此，结果为 7。

【样例解释2】

10 和 20 之间共有 2 个"7 幸运数"：14 和 17。14 是 7 的倍数，17 的个位数为 7。因此，结果为 31。

【题目分析】

用 for 循环检查从 L 到 R 的每个数 i，如果 i 的个位数为 k，或者 i 为 k 的倍数，则将 i 的值累加到变量 s。

代码如下：

```cpp
#include <iostream>
using namespace std;
int main( )
{
    int k, L, R;
    cin >>k >>L >>R;
    int s = 0;   //累加器
    for(int i=L; i<=R; i++){
        if(i%10==k or i%k==0)
            s += i;
    }
    cout <<s <<endl;
```

```
      return 0;
   }
```

12.7 练习 1：闰年求和（GESP 真题）

【题目描述】

小明刚刚学习了判断平年和闰年的方法，他想知道两个年份之间（**不包含起始年份和终止年份**）的闰年年份具体数字之和。你能帮帮他吗？

【输入描述】

输入一行，包含两个整数，分别表示起始年份和终止年份。约定年份在 1 和 2022 之间。

【输出描述】

输出一行，包含一个整数，表示闰年年份具体数字之和。

【样例输入 1】	【样例输出 1】
2018 2022	2020

【样例输入 2】	【样例输出 2】
2000 2004	4004

【题目分析】

本题需要用累加器 sm，把闰年年份的具体数字加起来。用 for 循环检查从起始年份到终止年份的每个年份，判断是否为闰年，如果是则将其具体数字累加到 sm。这需要在 for 循环中嵌套 if 语句实现。

代码如下：

```cpp
#include <iostream>
using namespace std;
int main(  )
{
   int s = 0, t = 0, sm = 0;   //sm为累加器
   cin >> s >> t;
   for (int y = s+1; y < t; y++) {
       if (y % 400 == 0 || (y % 4 == 0 && y % 100 != 0))
           sm += y;
   }
   cout << sm << endl;
   return 0;
}
```

12.8 练习 2：求奇数的和

【题目描述】

输入 n 个整数，求其中奇数的和。

【输入描述】

输入数据第一行为一个正整数 n，$n \leqslant 100$。第二行有 n 个整数。

【输出描述】

输出占一行，为求得的答案。

【样例输入】 【样例输出】

```
8                                    347
23 -8 20 99 111 64 77 37
```

【题目分析】

用 for 循环读入每个整数，对每个整数，都要判断是否为奇数。所以本题需要在 for 循环里嵌套 if 语句。注意，本题没有保证 n 个整数为正整数，如果一个整数为负数且为奇数，对 2 取余结果为 −1，所以不能通过判定对 2 取余余数为 1 来判定偶数，正确的方法详见如下代码：

```cpp
#include <iostream>
using namespace std;
int main( )
{
    int n;  cin >>n;
    int t, s = 0;                    //t为保存读入的每个整数的临时变量，s为求和的变量
    for(int i=1; i<=n; i++){
        cin >>t;
        if(t%2)  s += t;                     //不能写成t%2==1
        //if(t%2==1 or t%2==-1)  s += t;    //这样写也是对的
        //if(t%2!=0)  s += t;                //这样写也是对的
    }
    cout <<s <<endl;
    return 0;
}
```

12.9 练习 3：求各位数字的最大值

【题目描述】

输入一个正整数，输出各位数字中的最大值。

【输入描述】

输入占一行，为一个正整数 *n*，*n* 为 [1, 2147483647] 内的数。

【输出描述】

输出占一行，为正整数 *n* 的各位数字中的最大值。

【样例输入】	【样例输出】
43015	5

【题目分析】

对输入的正整数 *n*，用 while 循环取出每位数字，并判断是否为最大的数字 mx。mx 的初始值可以设置为 0。判断最大的数字需要用 if 结构实现。所以本题是在 while 循环里嵌套了分支结构。

代码如下：

```cpp
#include <iostream>
using namespace std;
int main( )
{
    int n;  cin >>n;
    int mx = 0;                 //最大的数字
    int t = n;                  //临时变量
    while(t){
        if(t%10>mx)   mx = t%10;
        t = t/10;
    }
    cout <<mx <<endl;
    return 0;
}
```

12.10 基础知识练习（GESP 真题）

1. 执行以下 C++ 语言程序后，输出的结果是（　　）。

```cpp
#include <iostream>
using namespace std;
int main() {
    int sum = 1;
    for (int i = 1; i <= 10; i++)
        if (3 <= i <= 5)
            sum += i;
    cout << sum << endl;
```

```
    return 0;
}
```

A. 56   B. 13   C. 12   D. 60

2. 执行以下 C++ 语言程序，输出的结果是（   ）。

```cpp
#include <iostream>
using namespace std;
int main() {
    int sum = 0;
    for (int i = 1; i <= 20; i++)
        if (i % 3 == 0 || i % 5 ==0)
            sum += i;
    cout << sum << endl;
    return 0;
}
```

A. 210   B. 113   C. 98   D. 15

3. 在下列代码的横线处填写（   ），可以使得输出是"147"。

```cpp
#include<iostream>
using namespace std;
int main() {
    for (int i = 1; i <= 8; i++)
        if (_____) // 在此处填入代码
            cout << i;
    return 0;
}
```

A. i % 2 == 1   B. i % 3 == 1   C. i = i + 3   D. i + 3

4. 执行以下 C++ 语言程序，输出的结果是（   ）。

```cpp
#include <iostream>
using namespace std;
int main() {
    int sum;
    for (int i = 1; i <= 20; i++)
        if (i % 3 == 0 || i % 5 ==0)
            sum += i;
    cout<<sum<< endl;
    return 0;
}
```

A. 63   B. 98   C. 113   D. 无法确定

5. 执行以下 C++ 语言程序，输出的结果是（   ）。

```cpp
int tnt = 0;
for(int i=0; i<10; i++)
```

```
        if(i%3 && i%7)
            tnt +=i;
 cout << tnt << endl;
```

A. 0   B. 7   C. 18   D. 20

6. 执行以下 C++ 语言程序，输出的结果是（   ）。

```
int N = 10;
while(N){
    N -= 1;
    if(N%3 == 0)
        cout << N << "#";
}
```

A. 9#6#3#   B. 9#6#3#0#   C. 8#7#5#4#2#1#   D. 10#8#7#5#4#2#1#

第 13 章　break 和 continue 语句

本章主要内容

- 介绍循环中非常重要的 break 语句和 continue 语句。
- 在永真循环 while(true) 中可以通过 break 语句退出循环。

13.1　提前结束循环和跳过当前这一轮循环

在生活中，重复执行的步骤并不是非要按部就班地执行完毕每一轮循环。详见以下两个例子。

（1）吃午餐的例子。假设正常的流程是"吃一口菜"再"吃一口饭"算一轮循环，重复执行直到饭盒里的饭菜吃完了，如图 13.1（a）所示。但是，如果某一轮循环，在嘴里嚼着菜的时候发现，这菜太好吃了，于是跳过这一轮还未执行的"吃一口饭"的步骤，直接判断循环条件并进入下一轮循环，即又轮到"吃一口菜"了，如图 13.1（b）所示。

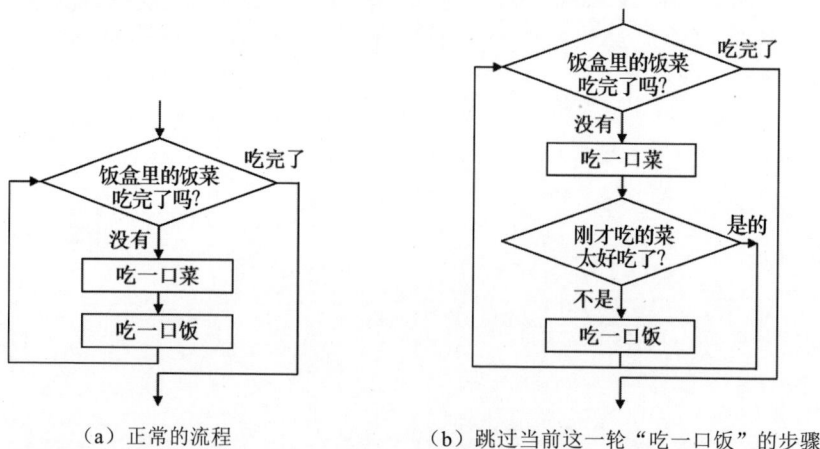

（a）正常的流程　　　　　（b）跳过当前这一轮"吃一口饭"的步骤

图 13.1　午餐吃饭的流程（1）

（2）另一个吃午餐的例子。老师们工作都很忙，有时都不能完整地吃完一顿饭。可能某一轮"吃一口菜""吃一口饭"执行完了，临时有事，只能匆忙地提前结束吃饭的循环，如图 13.2（a）所示。也可能某一轮刚"吃一口菜"执行完了，还没来得及"吃一口饭"，就临时有事,不得不提前结束吃饭的循环,如图 13.2(b)所示。

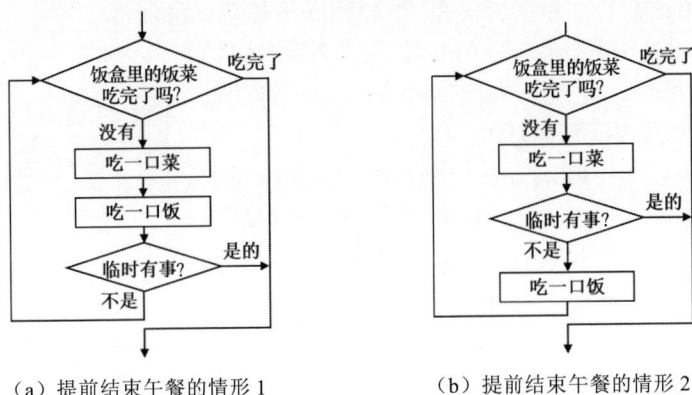

(a)提前结束午餐的情形 1　　　　(b)提前结束午餐的情形 2

图 13.2　午餐吃饭的流程(2)

以上两个例子,第 1 个例子是跳过当前这一轮循环中尚未执行的步骤,直接进入下一轮循环的判断;第 2 个例子是提前结束循环。这在 C++ 语言中分别需要通过 continue 语句和 break 语句实现。

13.2　提前结束循环——break 语句

break 这个单词在英文里的含义非常丰富,其中一个含义是"终止"。

在 C++ 语言中,break 语句既可以用在第 9 章学过的 switch 语句中,也可以用在循环(包括 for 循环和 while 循环)语句中。一般情况下,switch 语句的每个 case 分支,都需要在最后面加上 break 语句,其作用是执行完这个分支中的语句就退出 switch 语句。

break 语句用于循环体内,其作用是使得流程从循环体内跳出循环,即**提前结束循环**,接着执行整个循环结构后面的语句。

例如,对图 13.3(a)所示的 while 循环,如果在执行某次 while 循环时,条件 2 满足,那么就会终止整个 while 循环,即退出 while 循环,接着执行循环结构之后的语句,其流程如图 13.4 所示。

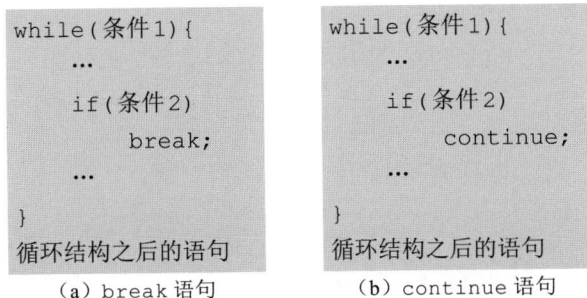

(a)break 语句　　　　(b)continue 语句

图 13.3　break 语句和 continue 语句的对比

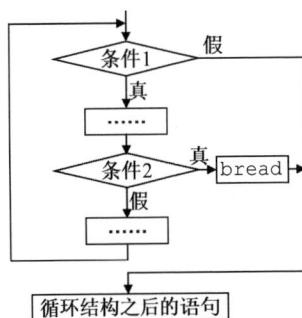

图 13.4　break 语句的流程

13.3　跳过当前这一轮循环——continue 语句

continue 这个单词在英文里的含义是"继续、(停顿后)继续"。

在 C++ 语言中，continue 语句只能用于循环体内，其作用是**结束本次循环**，即跳过本次循环中尚未执行的语句，接着进行下一次是否执行循环的判定。

例如，对图 13.3(b)所示 while 循环，如果在执行某次 while 循环时，条件 2 满足，就会跳过这一轮循环中 if 语句后面的那些语句，直接进行下一次是否执行循环的判定，即继续执行 while 循环中的条件 1，其流程如图 13.5 所示。

continue 语句和 break 语句的区别：continue 语句只结束本次循环，而不是终止整个循环的执行；而 break 语句则是结束整个循环过程，不再判断执行循环的条件是否成立。

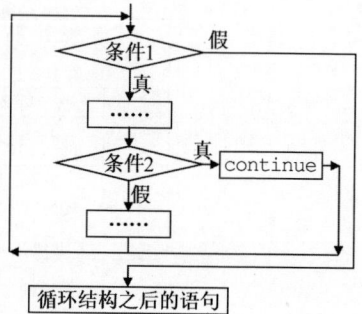

图 13.5　continue 语句的流程

从图 13.3 可以看出，循环中的 break 语句和 continue 语句通常与 if 语句配合使用，经过判断满足某个条件才执行 break 语句或 continue 语句。

13.4　案例 1：质数的判定（break 语句）

【背景知识】

质数（也称为素数）的定义：若一个数只能被 1 和它本身整除，不能被其他数整除，则该数为质数，否则为合数。**注意**，1 既不是质数也不是合数。

质数的例子（100 以内有 25 个质数）：2, 3, 5, 7, 11, 13, 17, 19, 23, 29, 31, 37, 41, 43, 47, 53, 59, 61, 67, 71, 73, 79, 83, 89, 97。

合数的例子：8, 9, 10, 15。

【题目描述】

输入一个大于等于 2 的正整数 n，判定是否为质数。

【输入描述】

输入占一行，为一个正整数 n，$2 \leqslant n \leqslant 32768$。

【输出描述】

如果 n 为质数，输出 yes，否则输出 no。

【样例输入 1】	【样例输出 1】
199	yes

【样例输入 2】	【样例输出 2】
198	no

【题目分析】

根据定义，对输入的正整数 n，只需用 2、3、4……$n-1$ 去除 n，看能不能整除，所以本题要用循环实现。只要发现有一个数能整除 n，就能提前得出结论：n 不是质数。所以，本题还要用到 break 语句。

```
int n;  cin >>n;
int i = 2;
while(i<=n-1){
    if(n%i==0)  break;   //n能被i整除，n不是质数，可以提前退出while循环
}
```

注意，其实上述 while 循环不用循环到 n-1，n 较大时，后面的循环是多余的。那么应该循环到 i 取哪个值呢？以下详细分析。

注意，n 的所有因子是成对出现的。例如，24 的因子有 1、2、3、4、6、8、12、24，1 和 24 是一对，2 和 12 是一对，3 和 8 是一对，4 和 6 是一对，且有 $1 \times 24 = 2 \times 12 = 3 \times 8 = 4 \times 6 = 24$，如图 13.6（a）所示。对于 36，它有一个特殊的因子 6，$6 \times 6 = 36$，如图 13.6（b）所示。对于 97，除了 1 和 97，没有其他因子了，它是质数，如图 13.6（c）所示。

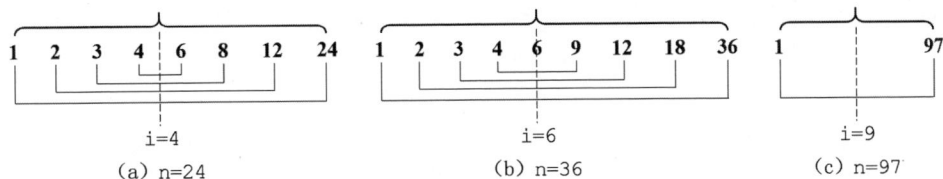

(a) n=24　　　　　(b) n=36　　　　　(c) n=97

图 13.6　n 的因子是成对的

因此，循环变量 i 最大只需取到 n 的平方根（仅取整数部分）。这是因为如果存在一个大于 n 的平方根的整数 a 能整除 n，则 i=n/a 也一定能整除 n，而 i=n/a 是小于 n 的平方根的。

例如，n = 24，12 能整除 24，则 24/12 = 2 也一定能整除 24；8 能整除 24，则 24/8 = 3 也一定能整除 24。

对 97，97 是质数，在 i = 9（97 的平方根）的左边除了 1 没有其他因子，在 i 的右边除了 97 也不可能有其他因子。

由于目前还没学求平方根的函数。这里推荐另一种更好的写法，即循环条件可以写成 i*i<=n，这种写法，i 最大也是取到小于等于 $\sqrt{n}$ 的最大正整数，但可以避免求平方根，且可以避免浮点数运算带来的风险。

退出循环后，怎么判断 n 是否为质数呢？只需判断 i*i<=n 是否成立，如果成立，说明是提前退出 while 循环的，n 是合数；否则，说明循环到 i 取最大值，还没找到因子，说明 n 是质数。

另外，如果 n=2 或 3，while 循环条件"i*i<=n"一开始就不满足，直接结束 while 循环，所以判定 2、3 是质数。因此，本题对 n 取值 2 或 3 不用特殊处理。代码如下：

```
#include <iostream>
using namespace std;
```

```
int main( )
{
    int n;  cin >>n;
    int i = 2;
    while(i*i <= n){                  //判断2,3,…,n-1能否整除n
        if(n % i == 0)               //i能够整除n,结论已定,提前退出while循环
            break;
        i = i+1;
    }
    if(i*i <= n)  cout <<"no" <<endl; //n是合数
    else  cout <<"yes" <<endl;        //n是质数
    return 0;
}
```

【注解和类比】

在上述代码的 while 循环中，有两种情形可以退出 while 循环：①找到一个能整除 n 的 i，提前退出 while 循环，这时循环条件 i*i<=n 肯定还是满足的，n 是合数；②一直循环到 while 循环条件不成立，这时不得不退出循环，n 是质数。退出 while 循环后，根据条件 i*i<=n 是否成立就知道是因为哪种情形退出 while 循环的，从而可以判断 n 是否为质数。

这好比某小学放学，有的学生不上延时课，15:40 就放学了；如果要上延时课，就是 17:40 放学。因此，在学校门口，如果看到有学生放学了，一看时间，如果是 15:40 分，就说明这些学生是提前放学了，从而没有上延时课。

13.5 状态变量及应用

在质数的判定中，如果 $n \geq 2$，那么 n 要么是质数，要么是合数。如果 n 可以取 0 和 1，那么 n 要么是质数，要么不是质数。总之是两种情形。我们可以定义一个变量，变量的不同取值分别代表这两种情形。这种变量称为状态变量，变量名一般为 flag 或 f，类型为 bool 型或 int 型，如果是 int 型，可以约定取值为 1 或 0。如果不止两种情形，那么 flag 就只能定义成 int 型，且要约定取不同值代表的不同含义。

对状态变量，要约定取值的含义。例如，对质数的判定，可以约定 flag 取值为 true 代表质数，取值为 false 代表合数或不是质数。在 while 循环里，如果找到能整除 n 的 i 值，要提前退出 while 循环，退出 while 循环前，将 flag 设置为 false。那么 flag 的初始值就应该设置为 true。while 循环结束后，根据 flag 的取值就能判定 n 是否为质数。代码如下：

```
int n;  cin >>n;
int i = 2;
bool flag = true;                    //状态变量：约定取值为true代表质数
```

```
while(i*i <= n){              //判断2,3,…,n-1能否整除n
    if(n % i == 0){          //i能够整除n,结论已定,提前退出while循环
        flag = false;  break;  //将状态变量设置为false
    }
    i = i+1;
}
if(!flag)  cout <<"no" <<endl;  //n不是质数
else  cout <<"yes" <<endl;      //n是质数
```

13.6　案例2：小杨报数（continue 语句）（GESP 真题）

【题目描述】

小杨需要从 1 到 N 报数。在报数过程中，小杨希望跳过 M 的倍数。例如，如果 N=5，M=2，那么小杨就需要依次报出 1、3、5。

现在，请你依次输出小杨报的数。

【输入描述】

输入 2 行，第一行一个整数 N（$1 \leqslant N \leqslant 1000$）；第二行一个整数 M（$2 \leqslant M \leqslant 100$）。

【输出描述】

输出若干行，依次表示小杨报的数。

【样例输入 1】	【样例输出 1】
5 2	1 3 5

【样例输入 2】	【样例输出 2】
10 3	1 2 4 5 7 8 10

【题目分析】

本题可以用 continue 语句实现。用 for 循环检查 1～n 内的每个数 i，用 cout 语句输出 i 的值。在 cout 语句前面，判断如果 i 是 m 的倍数，则用 continue 跳过 cout 语句。代码如下：

```
#include <iostream>
using namespace std;
int main( )
{
    int n, m, i;
    cin >>n >>m;
    for(i=1; i<=n; i++){
        if(i%m==0)  continue;
        cout <<i <<endl;  //可以不写else，只要执行了这条语句，前面if条件肯定不成立
    }
    return 0;
}
```

13.7 用 break 语句退出永真循环

我们在第 11 章介绍了永真循环。所谓永真循环就是循环条件永远为真，这种循环永远都不会结束。永真循环通常不是我们想要的效果，所以，通常也称为死循环。但有的时候，永真循环的逻辑比较好懂，就是"不管三七二十一"，先循环再说，在循环过程中再根据一定的条件判断，用 break 语句退出永真循环。这种永真循环往往是有意义的，而且一般用 while(true) 或 while(1) 表示，详见以下代码示例。

```
while(true){   // 永真循环
    // 先执行 (一部分) 循环体
    if(条件)   // 需要退出永真循环的条件
        break;
    // 循环体中其他语句
}
```

用 break 语句退出永真循环的例子详见 13.8 节。

13.8 案例 3：求一组正整数的和

【题目描述】

求一组正整数的和。

【输入描述】

输入数据占一行，为一组正整数，输入数据最后一个数为 −1，代表输入结束。正整数的个数不超过 100 个，它们的和不超出 int 型范围。

【输出描述】

输出占一行，为这组数的和。

【样例输入】   【样例输出】

```
29 100 18 217 6 88 111 -1                      569
```

【题目分析】

本题的输入数据中没有告知有多少个正整数，那怎么知道输入数据是什么时候结束呢？可以用永真循环实现，在循环里读入一个数，马上判断是否为 -1，如果为 -1，用 break 语句退出永真循环。

代码如下：

```cpp
#include <iostream>
using namespace std;
int main( )
{
    int a;          //a为保存输入的每个正整数的临时变量
    int s = 0;      //s为求和的变量
    while(true){
        cin >>a;
        if(a==-1)  break;
        s = s + a;
    }
    cout <<s <<endl;
    return 0;
}
```

13.9　练习 1：第一个 100 分

【题目描述】

输入 n 个学生的成绩，这 n 个学生的序号为 $1 \sim n$。输出第一个 100 分的学生的序号。

【输入描述】

输入数据第一行为一个正整数 n，$n \leqslant 100$。第二行有 n 个成绩，均为 $0 \sim 100$ 的整数。

【输出描述】

输出占一行，为第一个 100 分的学生的序号；如果没有 100 分的成绩，则输出 no。

【样例输入 1】   【样例输出 1】

```
10                                             4
90 88 85 100 96 100 89 98 86 92
```

【样例输入 2】   【样例输出 2】

```
10                                             no
90 88 85 90 96 80 89 98 86 92
```

【题目分析】

测试数据不保证这 n 个成绩中至少有一个 100 分的成绩。用 for 循环读入每个成绩，对每个成绩判断是否为 100 分，如果是就可以结束循环了，这需要用 break 语句，退出循环后输出循环变量的值即可。注意，必须在 for 循环前定义循环变量 i，不能在 for 循环里定义循环变量 i，而且 i 的初始值为 1。最后，退出 for 循环后，如果 i<=n，说明存在 100 分，输出 i 的值；否则不存在 100 分，输出 no。

代码如下：

```cpp
#include <iostream>
using namespace std;
int main( )
{
    int i, n;  cin >>n;
    int t;   //保存读入的每个成绩的临时变量
    for(i=1; i<=n; i++){
        cin >>t;
        if(t==100)  break;
    }
    if(i<=n)  cout <<i <<endl;
    else  cout <<"no" <<endl;
    return 0;
}
```

注意，在本题中，如果 n 个成绩中存在 100 分，且第一个 100 分不是最后一个成绩，则后面的成绩不会读入，因为 for 循环已经结束了，但这并不影响程序的评测。

13.10　练习 2：最小质因数

【题目描述】

输入一个正整数 n，输出 n 的最小质因数。

质因数的定义：如果一个整数 n 的因数也是质数，那么这个因数就称为 n 的质因数。例如，24 有 8 个因数，即 1、2、3、4、6、8、12、24，其中只有 2 和 3 是质因数。

【输入描述】

输入数据占一行，为一个正整数 n，$2 \leqslant n \leqslant 1000$。

【输出描述】

输出数据占一行，为求得的答案。

【样例输入 1】　　　　　　　　　　　　　　　【样例输出 1】

24

2

【样例输入 2】　　　　　　　　　　　　　　【样例输出 2】

| 17 | 17 |

【题目分析】

本题需要用到数学上的一个结论，对一个大于 1 的正整数，它的最小因数（1 除外）一定是质数，因此也是最小的质因数。用 for 循环判断 $2 \sim n$ 中的每个数是否可以整除 n，找到第一个数，就输出并退出，所以本题需要用到 break 语句。

代码如下：

```cpp
#include <iostream>
using namespace std;
int main( )
{
    int n;  cin >>n;
    for(int i=2; i<=n; i++){
        if(n%i==0){
            cout <<i <<endl;  break;
        }
    }
    return 0;
}
```

13.11　练习 3：求偶数的和

【题目描述】

输入 n 个整数，求其中偶数的和。本题要求用 continue 语句实现。

【输入描述】

输入数据第一行为一个正整数 n，$n \leqslant 100$。第二行有 n 个整数。

【输出描述】

输出占一行，为求得的答案。

【样例输入】　　　　　　　　　　　　　　【样例输出】

| 8 | 76 |
| 23 -8 20 99 111 64 77 37 | |

【题目分析】

用 for 循环读入每个整数，对每个整数进行判断，如果为奇数则跳过，这需要用 continue 语句；否则加起来（这里可以不写 else）。

代码如下：

```
#include <iostream>
using namespace std;
int main( )
{
    int n;  cin >>n;
    int t, s = 0;           //t为保存读入的每个整数的临时变量，s为求和的变量
    for(int i=1; i<=n; i++){
        cin >>t;
        if(t%2)  continue;   //跳过奇数
        s += t;             //剩下的数全部加起来 (这里可以不写else)
    }
    cout <<s <<endl;
    return 0;
}
```

注意，本题也可以不用 continue 语句实现。

13.12　基础知识练习（GESP 真题）

【选择题】

1. 执行下面的 C++ 代码，输出的是（　　　）。

```
cnt = 0;
for(int i= 1; i < 20; i++){
    if(i%2)
        continue;
    else if(i&3==0 && i%5==0)
        break;
    cnt += i;
}
cout << cnt;
```

　　A. 90　　　　　　　　B. 44　　　　　　　　C. 20　　　　　　　　D. 10

2. 执行下面的 C++ 代码，输出的是（　　　）。

```
N=10;
cnt = 0;
while(1) {
    if(N == 0) break;
    cnt += 1;
    N -= 2;
}
cout<< cnt;
```

　　A. 11　　　　　　　　B. 10　　　　　　　　C. 5　　　　　　　　D. 4

3. 下面的 C++ 代码用于判断一个数是否为质数（素数），在横线处应填入的代码是（ ）。

```
cin >> N;
cnt = 0;
for (int i= 1; i < N + 1; i++)
    if (N % i == 0)
        _____;
if (cnt == 2)
    cout << N << "是质数。";
else
    cout << N << "不是质数。";
```

A. cnt = 1　　　　B. cnt = 2　　　　C. cnt =+ 1　　　　D. cnt += 1

4. 下面的 C++ 代码对大写字母 'A' 到 'Z' 分组，对每个字母输出所属的组号，那么输入 'C' 时将输出的组号是（ ）。

```
char C;
while(1){
    cin >> C;
    if(c=='q') break;
    switch(c) {
        case 'A': cout << "1 "; break;
        case 'B': cout << "3 ";
        case 'C': cout << "3 ";
        case 'D': cout << "5 "; break;
        case 'E': cout << "5 "; break;
        default: cout << "9 ";
    }
    cout << endl;
}
```

A. 3　　　　　　B. 3 5　　　　　　C. 3 5 9　　　　　　D. 以上都不对

5. 下面的 C++ 代码用于判断键盘输入的整数是否为质数。质数是只能被 1 和它本身整除的数。在横线处应填入代码是（ ）。

```
int N;
cin >> N;
int cnt = 0; // 记录N被整除的次数
for(int i=1; i<N+1; i++)
    if(_____)
        cnt +=1;
if(cnt == 2)
    cout << N << "是质数";
else
    cout << N << "不是质数";
```

A. N % i　　　　B. N % i == 0　　C. N / i == 0　　D. N / i

6. 下面的 C++ 代码用于判断 N 是否为质数（只能被 1 和它本身整除的正整数）。程序执行后，下面有关描述正确的是（　　）。

```cpp
int N;
cout << "请输入整数: ";
cin >> N;

bool Flag = false;

if (N >= 2){
    Flag = true;
    for (int i=2; i < N; i++)
        if (N % i == 0){
            Flag = false;
            break;
        }
}

if(Flag)
    cout << "是质数";
else
    cout << "不是质数";
```

A. 如果输入负整数，可能输出"是质数"

B. 如果输入 2，将输出"不是质数"，因为此时循环不起作用

C. 如果输入 2，将输出"是质数"，即便此时循环体没有被执行

D. 如果将 if (N >= 2) 改为 if (N > 2) 将能正确判断 N 是否质数

7. 执行下面的 C++ 代码，输出的是（　　）。

```cpp
int N = 0;
for (int i = 1; i < 10; i +=2){
    if (i % 2 == 1)
        continue;
    N += 1;
}
cout << N;
```

A. 5　　　　　　　　B. 4　　　　　　　C. 2　　　　　　　D. 0

8. 执行下面的 C++ 代码，输出的是（　　）。

```cpp
int N=0, i;
int tnt = 0;
for (i = 5; i < 100; i+=5){
    if (i % 2 == 0)
        continue;
    tnt += 1;
```

```
        if (i >= 50)
            break;
    }
    cout << tnt;
```

    A. 10   B. 9   C. 6   D. 5

9. 执行下面的 C++ 代码，输出的是（　　）。

```
int i;
for (i = 1; i < 100; i += 5)
    continue;
cout << i << endl;
```

    A. 101   B. 100   C. 99   D. 96

10. 执行下面的 C++ 代码，输出的是（　　）。

```
int tnt = 0;
for (int i = 5; i < 100; i += 5){
    if (i % 2 == 0)
        continue;
    tnt += 1;
    if (i % 3 == 0 && i % 7 == 0)
        break;
}
cout << tnt << endl;
```

    A. 500   B. 450   C. 10   D. 1

【判断题】

1. 在下面的 C++ 代码中，由于循环中的 continue 是无条件被执行，因此将导致死循环。
                                                          （　　）

```
for (int i =1; i < 10; i++) continue;
```

2. 在 C++ 代码 while(1)　continue; 中，由于循环中的 continue 是无条件被执行，因此将导致死循环。   （　　）

3. 在 C++ 中，break 语句用于提前终止当前层次循环，适用于 while 循环，但不适用于 for 循环。   （　　）

4. 在 C++ 中，break 语句用于终止当前层次的循环，循环可以是 for 循环，也可以是 while 循环。   （　　）

5. 在 C++ 中，continue 语句通常与 if 语句配合使用。   （　　）

6. 在 C++ 中，break 语句通常与 if 语句配合使用。   （　　）

7. 执行下面的 C++ 代码后，输出 10。   （　　）

```
int N = 0;
for (int i = 0; i < 10; i++){
    continue;
```

```
        N += 1;
    }
    cout << N;
```

8. 下面 C++ 代码执行后将输出 100。   (   )

```
int i;
for (i = 0; i <= 100; i++)
        continue;
cout << i;
```

9. 在 C++ 的循环体内部，如果 break 和 continue 语句连续在一起，那么作用抵消，可以顺利执行下一次循环。   (   )

10. 删除下面 C++ 代码中的 continue 语句不影响程序的执行效果。   (   )

```
for (int i = 0; i < 100; i++){
        if (i % 2 == 0){
                printf("偶数");
                continue;
        }
        else
                printf("奇数");
}
```

11. 在 C++ 语言中，continue 语句可用于提前结束循环。   (   )

第14章 程序控制结构综合应用

本章主要内容

- 初步引入枚举算法。
- 综合运用分支结构和循环结构求解问题。

14.1 初识枚举方法

本书第 6 章介绍了算法的概念，算法就是用计算机程序求解问题的步骤。有一些算法具有通用的方法或模式，所以就有了具体的名称，如本节介绍的枚举算法。

枚举，又称为穷举，在数学上也称为列举法，是一种很朴素的解题思想。当需要求解的问题存在大量可能的答案（或中间过程），而又无法用逻辑方法排除大部分候选答案时，就可采用逐一检验这些答案的策略，这就是枚举算法的思想。

例如，把 10 个相同的五角星分成 2 堆，每堆至少 2 个，共有多少种不同的分法？

由于"堆"和"堆"是不区分的，为了避免求得重复的答案，我们可以约定 2 堆五角星的数量依次为 a 和 b，且 $a \leqslant b$。在数学上可以采用列举法求解，即列举第 1 堆五角星的各种情况，如图 14.1 所示。因此，就得到了"2 8""3 7""4 6""5 5"共 4 组解。注意，如果继续枚举，得到的解"6 4""7 3""8 2"重复了，所以这个例子只有 4 组解。

图 14.1 分五角星

由此看来，所谓枚举，通俗来讲，就是用循环去检查某个量的每一个取值。复杂一点的枚举，需要检查多个量的取值组合，需要用多重循环实现。多重循环目前我们还没学到。

14.2 案例 1：找因数（GESP 真题）

【题目描述】

小 A 最近刚刚学习了因数的概念，具体来说，如果一个正整数 a 可以被另一个正整数 b 整除，就说 b 是 a 的因数。

请你帮忙写一个程序，从小到大输出正整数 a 的所有因数。

【输入描述】

输入一行一个正整数 a，保证 $a \leqslant 1000$。

【输出描述】

输出若干行，为 a 的所有因数，按从小到大排列。

【样例输入 1】	【样例输出 1】
1	1

【样例输入 2】	【样例输出 2】
6	1
	2
	3
	6

【样例输入 3】	【样例输出 3】
10	1
	2
	5
	10

【题目分析】

用 for 循环枚举 1 ～ a 的每个数 i，如果 a 能被 i 整除，说明 i 是 a 的因数，需要输出。代码如下：

```cpp
#include <iostream>
using namespace std;
int main( )
{
    int a;
    cin >> a;
    for (int i = 1; i <= a; ++i) {
        if (a % i == 0)   //i是a的因数，a是i的倍数
            cout << i << endl;
    }
    return 0;
}
```

14.3　案例 2：长方形面积（GESP 真题）

【题目描述】

小明刚刚学习了如何计算长方形面积。他发现，如果一个长方形的长和宽都是整数，它的面积一定也是整数。现在，小明想知道如果给定长方形的面积，有多少种可能的长方形，满足长和宽都是整数？

如果两个长方形的长相等、宽也相等，则认为是同一种长方形。约定长方形的长大于等于宽。正方形是长方形的特例，即长方形的长和宽相等。

【输入描述】

输入一行，包含一个整数，表示长方形的面积。约定 $2 \leqslant A \leqslant 1000$。

【输出描述】

输出一行，包含一个整数，表示有多少种可能的长方形。

【样例输入 1】	【样例输出 1】
4	2

【样例输入 2】	【样例输出 2】
6	2

【样例 1 解释】

2 种长方形面积为 4，它们的长宽分别为 2×2 和 4×1。

【样例 2 解释】

2 种长方形面积为 6，它们的长宽分别为 3×2 和 6×1。

【题目分析】

假设长方形的长为 a，宽为 b。互换 a 和 b 的值，应该视为同一个长方形，如图 14.2 所示。因此，在本题中，为了避免重复的枚举，要约定 $b \leqslant a$。

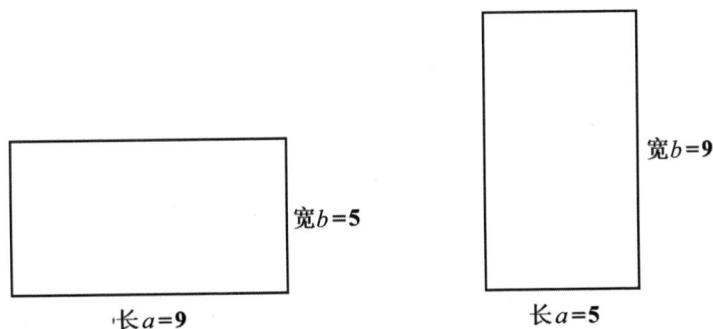

图 14.2　互换长和宽视为同一个长方形

注意，长方形的面积是固定的，为 A，因此 a 和 b 满足约束条件 $a \times b = A$。

枚举长和宽中较小的，即枚举 b 值，b 最小取到 1。当长 a 和宽 b 相等时，宽 b 取到最大值，因此 b 的值满足 b*b<=A。用 for 循环枚举 b 的取值，如果 A 能被 b 除尽，则说明长为 A/b、宽为 b 就是一个可能的长方形。在这个过程中统计长方形的个数。

注意，在枚举过程中，长方形的长 a 没有用到，所以也不用定义变量 a。代码如下：

```cpp
#include <iostream>
using namespace std;
int main( )
{
    int A, b;        //面积和长方形的宽 (约定长>=宽)
    cin >>A;
    int cnt = 0;   //计数器
    //当长和宽相等时，宽取到最大值，所以b*b<=A
    for(b=1; b*b<=A; b++){   //枚举b的取值
        if(A%b==0)  cnt++;
    }
    cout <<cnt <<endl;
    return 0;
}
```

14.4 案例 3：美丽数字（GESP 真题）

【题目描述】

有 n 个正整数，小杨认为一个正整数是美丽数字当且仅当该正整数是 9 的倍数但不是 8 的倍数。

小杨想请你编写一个程序计算 n 个正整数中美丽数字的数量。

【输入描述】

第一行包含一个正整数 n，代表正整数个数。

第二行包含个正整数 $a_1, a_2, a_3, \cdots, a_n$。

【输出描述】

输出一个整数，代表其中美丽数字的数量。

【数据范围】

对于全部数据，保证有 $1 \leqslant n \leqslant 10^5$，$1 \leqslant a_i \leqslant 10^5$。

【样例输入】   【样例输出】

```
3                                        1
1
9
72
```

【样例解释】

1 既不是 9 的倍数，也不是 8 的倍数；9 是 9 的倍数，不是 8 的倍数；72 既是 9 的倍数，也是 8 的倍数。因此答案为 1。

【题目分析】

n 的值输入后，n 的值是确定的。因此，可以用 for 循环实现：读入接下来的每个正整数 t，判断 t 是否为 9 的倍数且不为 8 的倍数，如果是，则统计个数。代码如下：

```cpp
#include <iostream>
using namespace std;
int main( )
{
    int n, t;        //t为存储每个正整数的临时变量
    cin >>n;
    int cnt = 0;   //美丽数字的数量
    for(int i=1; i<=n; i++){
        cin >>t;
        if(t%9==0 && t%8!=0)
            cnt++;
    }
    cout <<cnt <<endl;
    return 0;
}
```

14.5 练习1：立方数（GESP真题）

【题目描述】

有一个正整数 n，小杨想知道 n 是否为立方数。一个正整数 n 是立方数当且仅当存在一个正整数 x 满足 $x \times x \times x = n$。

【输入描述】

一行包含一个正整数 n。

【数据范围】

对于全部数据，保证有 $1 \leqslant n \leqslant 1000$。

【输出描述】

如果正整数 n 是一个立方数，输出 Yes，否则输出 No。

【样例输入1】   【样例输出1】

Yes

【样例输入2】   **【样例输出2】**

9   No

【样例解释】

对于样例1，存在正整数2使得 8=2×2×2，因此8为立方数。

对于样例2，不存在满足条件的正整数，因此9不为立方数。

【题目分析】

目前还没学过数学函数，只能采用枚举方法求解。

定义状态变量flag，标志着n是否为立方数，约定flag取值为1表示n是立方数，取值为0表示n不是立方数。flag的初始值为0。

用for循环枚举 1～n 内的每个数i，如果某个i的值，满足 i*i*i==n，则说明n是立方数，设置flag的值为1，然后用break语句退出while循环。退出while循环后，根据flag的值就能知道n是否为立方数。

注意，在本题中，循环变量i取到n，肯定不是一种好方法，当n特别大时，还会超时。那么，i有没有必要取到n呢？完全没必要，当 i*i*i>n 时，n肯定不会是i的立方数。因此，循环条件可以改成 i*i*i<=n。代码如下：

```cpp
#include <iostream>
using namespace std;
int main( )
{
    int n;
    cin >>n;
    int flag = 0;                 //状态变量,约定取值为1表示是立方数
    for(int i=1; i<=n; i++){   //用i*i*i<=n更好
        if(i*i*i==n){
            flag = 1;
            break;
        }
    }
    if(flag)  cout<<"Yes" <<endl;
    else  cout<<"No" <<endl;
    return 0;
}
```

14.6 练习2：角谷猜想

【题目描述】

角谷猜想是指"对于任意大于1的自然数 n，若 n 为奇数，则将 n 变为 3n+1，否则将

n 变为 n 的一半，经过若干次这样的变换，一定会使 n 变为 1"。

请验证角谷猜想，并对于任意给定的 n，输出它变为 1 需要多少次操作。

【输入描述】

一个正整数 n，不超过 int 型范围。

【输出描述】

输出 n 变成 1 所需要的操作次数。

【样例输入】　　　　　　　　　　　【样例输出】

5　　　　　　　　　　　　　　　5

【题目分析】

本题需要用 while 循环实现，循环条件是 n>1。这样退出 while 循环时，n 的值为 1。每一次循环，判断：如果 n 为奇数，将 n 更新为 3*n+1；否则，即 n 为偶数，则将 n 更新为 n/2。在这个过程中统计循环的次数 cnt。while 循环结束后，cnt 的值就是本题的答案。代码如下：

```
#include <iostream>
using namespace std;
int main( )
{
    int n, cnt = 0;  cin >>n;
    while(n>1){
        if(n%2)  n = 3*n+1;
        else  n /= 2;
        cnt++;
    }
    cout <<cnt <<endl;
    return 0;
}
```

【解析】

在本题中，如果输入的 n 为 5，则 while 循环执行过程如表 14.1 所示。

表 14.1　while 循环执行过程（3）

循环轮次	循环前 n 的值	循环后 n 的值	循环后 cnt 的值
第 1 轮循环	5	16	1
第 2 轮循环	16	8	2
第 3 轮循环	8	4	3
第 4 轮循环	4	2	4
第 5 轮循环	2	1	5

14.7 练习 3：回文数的判定

【题目描述】

回文数是指从左向右念和从右向左念都一样的数。如 12321、7337 都是回文数。

从键盘输入一个正整数，判断其是否回文数。如果是，输出 yes，如果不是，输出 no。

【输入描述】

一个正整数 n，不超过 int 型范围。

【输出描述】

按题目要求输出 yes 或 no。

【样例输入 1】	【样例输出 1】
159020951	yes

【样例输入 2】	【样例输出 2】
5556	no

【题目分析】

第 11 章在学习 while 循环时，学习了采用"反复对 10 取余再除以 10"的方法，可以提取一个正整数 n 的每一位数字。在这个过程中，用提取到的数字，可以构造出一个逆序的数 n1，最后只需判断 n 和 n1 是否相等即可。n1 的初始值应该设置为 0。

以 n=7337 为例分析，先提取到 n 的个位数 7，然后执行 n1 = n1*10 +7 = 7；接下来提取到 n 的十位数 3，然后执行 n1 = n1*10 +3 = 73；接下来提取到 n 的百位数 3，然后执行 n1 = n1*10 +3 = 733；接下来提取到 n 的千位数 7，然后执行 n1 = n1*10 +7 = 7337。最后 n1 就是 n 的逆序。代码如下：

```
#include <iostream>
using namespace std;
int main( )
{
    int n;  cin >>n;
    int t = n;   //提取n的数字会改变n的值，所以这里用临时变量t代替n
    int n1 = 0;  //用从n的最低位到最高位提取到的数字，组成逆序的数
    while(t>0){
        n1 = n1*10 + t%10;
        t = t/10;
    }
    if(n==n1)  cout <<"yes" <<endl;
    else  cout <<"no" <<endl;
    return 0;
}
```

14.8　基础知识练习（GESP 真题）

1. 下面的 C++ 代码用于求正整数的所有因数，即输出所有能整除一个正整数的数。例如，输入 10，则输出为 1、2、5、10；输入 12，则输出为 1、2、3、4、6、12；输入 17，则输出为 1、17。在横线处应填入代码是（　　　）。

```
int n = 0;
cout << "请输入一个正整数:";
cin >> n;

for (_____) // 此处填写代码
    if (n % i == 0)
        cout<< i< endl;
```

    A. int i = 1; i < n; i + 1　　　　B. int i = 1; i < n + 1; i + 1
    C. int i = 1; i < n; i++　　　　　D. int i = 1; i < n + 1; i++

2. 下面的 C++ 代码用于求 1 ～ N 内所有奇数之和，其中 N 为正整数，如果 N 为奇数，则求和时包括 N。有关描述错误的是（　　　）。

```
int N;
cout << "请输入正整数:";
cin >> N;

int i = 1, Sum = 0;

while (i <= N){
    if (i % 2 == 1)
        Sum += i;
    i += 1;
}
cout << i << " " << Sum;
```

    A. 执行代码时如果输入 10，则最后一行输出将是 11 25

    B. 执行代码时如果输入 5，则最后一行输出将是 6 9

    C. 将 i += 1 移到 if (i % 2 == 1) 前一行，同样能实现题目要求

    D. 删除 if (i % 2 == 1)，并将 i += 1 改为 i += 2，同样可以实现题目要求

3. 如果一个整数 N 能够表示为 X*X 的形式，那么它就是一个完全平方数，下面 C++ 代码用于完成判断 N 是否为一个完全平方数，在横线处应填入的代码是（　　　）。

```
int N;

cin >> N;
for(int i = 0; i <= N; i++)
    if(_____)
        cout << N << "是一个完全平方数 \n";
```

A. i == N*N　　　B. i*10 == N　　　C. i+i == N　　　D. i*i == N

4. 如果一个正整数 N 能够表示为 X*(X+1) 的形式，这里称它是一个"兄弟数"。例如，输入 6，则输出"6 是一个兄弟数"。下面 C++ 代码用来判断 N 是否为一个"兄弟数"，在横线处应填入的代码可从 i）～iv）中选择，则有几个能完成功能？（　　　）

```
    int N;


    cin >> N;
    for(int i = 0; i <= N; i++)
        if(_____)
            cout << N << "是一个兄弟数 \n";
```

i）N==i*(i+1)　　ii）N==i*(i-1)　　iii）N/(i+1)==i　　iv）N/(i-1)==i

A. 1　　　　　B. 2　　　　　C. 3　　　　　D. 4

5. 下面的 C++ 代码用于判断输入的整数是否为位增数，即从首位到个位逐渐增大，如是，则输出 1。如 123 是一个位增数。下面横线处应填入的是（　　　）。

```
    int N;
    int n1,n2;


    cin >> N;


    _____;
    while(N){
        n1 = N % 10;
        if(n1 >= n2){
            cout << 0;
            return 1;
        }
        n2 = n1, N /=10;
    }


    cout << 1;
    cout << endl;


    return 0;
```

A. n2 = N%10

B. N /= 10

C. n2 = N/10, N %= 10

D. n2 = N%10, N /= 10

第 15 章 程序编译、测试及调试

本章主要内容
- 介绍编译错误和逻辑错误的概念，总结常见的编译错误和常见的逻辑错误。
- 介绍程序测试和调试的概念及方法。
- 通过案例讲解程序的测试和调试。

15.1 编译错误和逻辑错误

编译错误是指程序中的语句违反了 C++ 语言的语法规则，所以也称为语法错误。编译错误在编译程序时就能发现，存在编译错误的程序是无法运行的。

例如，以下 2 行语句都存在编译错误：

```
int a = 4.5%2;    //错误：模运算符左右两侧的操作数都必须是整型或字符型
char c = "H";     //错误：将一个字符串常量赋给一个字符型变量
```

一个没有语法错误的程序并不一定正确，即并不一定能得到正确的结果。**逻辑错误**是指程序编译无误，但程序中的语句存在算法上的、逻辑上的错误，导致程序运行后得不到正确的结果。

例如，判断闰年的程序，如果把判断闰年的条件表示成 (year%4 == 0 && year%100 != 0) && year%400 == 0，那么很明显得出的结论是错误的，尽管该条件并不存在语法错误。

又如，初学者经常在需要用判断相等的关系运算符（==）时误用成赋值运算符（=），尽管可能没有语法错误，但很可能会导致程序运行结果不正确。

15.2 常见的编译错误

本节将总结 C++ 程序中常见的编译错误。注意，本节及 15.3 节涉及的有些 C++ 语法内容，比如数组、函数等，目前还没详细介绍过。同学们可以在学习这些语法内容时再回过头来看一下这里总结的语法错误和逻辑错误。

1. 标识符未定义

变量名、函数名都是标识符。标识符未定义有可能是用到的变量没有定义、用到的函数没有定义（或者函数调用出现在函数定义之前）或没有包含所需的头文件，也有可能是变量定义了但后面用的时候拼写错误。例如，定义的变量是 Age，但用的时候拼写成了 age。

为了避免出现这种错误，建议小学生在写程序时，变量名取短一些。在标识符里不要用字母 "o"，因为容易和数字 "0" 混淆；也不要用小写字母 "l"，因为容易和数字字符 "1" 混淆。

特别需要注意的是，在复合语句中定义的变量，在复合语句外是不能使用的，如果使用也会导致编译错误，提示该变量未定义。

2. 标识符重复定义

在相同的作用域（就是有效范围）内不能定义同名的标识符，否则编译出错，会提示标识符重定义。但是如果一个作用域包含另一个作用域，是可以定义相同的标识符。例如，全局变量和局部变量起相同的名字，这是可以的，这样在局部变量的作用域内，全局变量被屏蔽了，详见以下例子。

```
int a = 0;                    //在函数外面定义的变量是全局变量
int main( )                   //main函数
{
    int a = 10;               //在函数里面定义的变量是局部变量
    cout <<a <<endl;          //这里输出的是局部变量a的值
    return 0;
}
```

注意，尽管全局变量和局部变量可以同名，但不建议这样做，因为容易导致逻辑错误，详见 15.3 节。

3. 定界符使用不当

C/C++ 程序中能使用的定界符包括括号、单引号、双引号等。

（1）圆括号 ()：也称为小括号，可以出现在函数定义和调用、强制类型转换、表达式等场合。

（2）方括号 []：也称为中括号，如定义数组、引用数组元素时要用方括号。

（3）花括号 {}：也称为大括号，用于表示复合语句等。

（4）角括号 <>：也称为尖括号，用于包含头文件等。

（5）单引号：表示字符常量，如 'a'。

（6）双引号：表示字符串常量，如 "abc"。

定界符使用不当主要是定界符不匹配，特别是在多层括号嵌套时，比如在多重循环里，漏掉了一个右花括号；还有字符常量和字符串常量的定界符误用等。

注意，程序控制结构的嵌套里，花括号匹配了，没有编译错误，但可能存在逻辑错误。

4. 程序控制结构使用错误

比如，if 语句、while 循环条件、for 循环没有用圆括号括起来；switch 后面括号内的 "表达式" 和 case 后面的 "常量表达式" 的值不是整型或者字符型；等等。

5. 语句没有加分号

分号是 C/C++ 语句的标志。特别要注意的是，do-while 循环后面要加分号，声明结构体时也要加分号。

6. 不合法的运算

例如，在C/C++语言中，取模运算 % 只适用于整型和字符型数据，不能用于浮点型数据。又如，只能给变量赋值（=），不能给一个表达式赋值。

7. 其他编译错误

（1）关键字拼写错误，例如将 for 拼写成 four。
（2）使用 scanf 函数时忘记加取地址运算符 &。建议初学者在读取数据时用 cin 语句。

15.3 常见的逻辑错误

注意，编译程序时并不会报告逻辑错误。本节总结逻辑错误仅为了和15.2节的编译错误进行对比。逻辑错误的排除主要靠经验的积累和调试方法，详见本章后续内容。

1. 运算符误用

（1）赋值运算符（=）和关系运算符（==）误用。例如，在以下程序中，while 循环条件本来应该是 a==25，但误写成 a=25，这是没有语法错误的，在执行 while 循环时先将 25 赋给 a，然后判断 a 的值是否为非零，显然是非零的，所以该循环会陷入死循环。

```
int a = 0;
while(a=25)
    a++;
```

（2）逻辑与（&&、and）和逻辑或（||、or）误用。例如，判断闰年的条件表示成 (year%4 == 0 && year%100 != 0) && year%400 == 0，这里存在逻辑错误。

（3）关系运算符连用。在C/C++语言中，关系表达式 a<b<c 并不表示"b 介于 a 和 c 之间"的含义，而是先执行 a<b，得到的结果为一个逻辑值，如果 a 确实小于 b，则为 true（即1），否则为 false（即0），然后执行"这个逻辑值 <c"的关系运算。

（4）除数为0。在数学和计算机里，除数都不能为0。取余运算 a%b 中，b 也不能为0，因为取余运算的本质就是除法运算。一旦出现除数为0，程序将终止。

有一种情形容易忽视，除数是一个变量，如 b，这个变量的值是从键盘上输入的，题目没有保证 b 的值不为0，那么程序里就必须判断，b 的值不为0才能执行除法或取余运算。

2. 变量没有初始化

对局部变量，编译器不会自动初始化；对全局变量，编译器会初始化为零值。变量没有正确初始化不会导致编译错误，但可能会导致逻辑错误。变量初始化需要注意以下两点。

（1）变量如果没有初始化，它的值是随机的，可能会导致程序运行得不到正确的结果。

（2）如果程序需要处理多个测试数据，通常在处理每个测试数据前，相关的变量要重新初始化，确保不受上一个测试数据处理结果的影响。

3. 变量名相同的变量，如果作用域交错可能会导致逻辑错误

例如，以下程序没有编译错误，但输出的结果不是5。原因是，在第（1）条语句处定义了变量 i，在 for 循环中又定义了另一个变量 i，但 for 循环中的变量 i，有效范围仅限于 for 循环；在 for 循环后面输出 i 的值，其实是语句（1）定义的变量 i 的值，而这个变量没有初始化，输出的值是随机值。

```
int i;                          //(1)
for(int i=1; i<=10; i++){       //(2)
    if(i%5==0)  break;
}
cout <<i <<endl;                //输出的是语句(1)定义的变量i的值
```

4. 程序控制结构使用不当

（1）在循环中 break 语句和 continue 语句误用。

（2）switch 语句中该加 break 语句的地方忘了写。

（3）if 和 else 配对不当。

5. 数组使用不当

例如，长度为 n 的数组，其元素的下标范围是 0 ~ n-1，如果用小于 0 或大于 n-1 的下标去引用数组元素，会造成数组越界的错误。很遗憾，C/C++ 程序在编译时不会报告数组越界错误。

还有，数组元素下标从 0 开始计，不符合生活中的习惯，所以有的程序可能会从第 1 个元素开始存数据，但后面又忘了，又从第 0 个元素开始取数据，这种情形也可能会导致程序运行结果不正确。

6. 多加了分号

注意，在 C/C++ 语言中，空语句（即单独一个分号）是合法的语句，因此有时多加了一个分号，没有编译错误，但会导致逻辑错误。例如：

```
if( a % 3 == 0 );
    i++;
```

上述代码的本意是如果 3 能够整除 a，则 i 加 1。但由于 if(a % 3 == 0) 后加了分号，则 if 语句到此结束。不论 3 是否能整除 a，程序都会执行 i++; 这条语句。

15.4 程序测试

编程解题时，题目一般会给出样例数据，包含几个测试数据的输入输出。样例数据的目的是帮助学生理解题目，验证输入输出数据格式，用于初步测试程序等。

编写完解答程序后，首先要做的就是用样例数据测试解答程序：运行程序，然后输入样例数据，根据程序运行情况决定是调试程序还是提交程序。

通常需要反复多次用样例数据测试程序，如果每次运行程序，都需要手动输入样例数据，很费时。这里有个技巧：很多开发工具支持复制、粘贴，运行程序时可以复制样例输入数据（而不是每次都手动输入），粘贴到程序运行窗口里运行。

用样例数据测试程序，输出结果是对的，程序就一定正确的吗？对简单的题目，也许是的。但对稍复杂的题目，样例数据测试通过，并不能保证程序就一定是正确的。特别是在等级考试和有些程序设计竞赛里，提交程序并不会反馈评测结果。这时，就需要自己拟测试数据来验证程序的正确性，然后还需要用手动计算等方法得到正确的结果，再跟程序运行结果对比。

自己拟测试数据一般要采取以下方法。

（1）拟边界数据，如最大值或最小值。假设题目里提到，输入数据 n 的范围是 [100, 10000]，那么就可以让 n 的值取 100、10000 去验证程序。注意，可能出现的一种情形是，当输入数据很大时，无法通过手动计算的方式得到正确的结果，这时也无法判断程序的正确性。

（2）拟特殊数据。例如，可能某道题目里，7 的倍数（或奇数、偶数、质数、合数等）是一种特殊的数据，那么就可以输入 7 的倍数来验证程序的正确性。

15.5 评测系统反馈的评测结果

提交程序时，评测系统可能会返回以下评测结果。

（1）Accepted：程序通过评测（简写为 AC）。

（2）Compile Error：程序编译出错（简写为 CE）。

（3）Time Limit Exceeded：程序运行超过时间上限还没有得到输出结果（简写为 TLE）。

（4）Memory Limit Exceeded：内存使用量超过题目里规定的上限（简写为 MLE）。

（5）Output Limit Exceeded：输出数据量过大（可能是因为死循环）（简写为 OLE）。

（6）Presentation Error：输出格式不对，可检查空格、空行等细节（简写为 PE）。

（7）RunTime Error：程序运行过程中出现非正常情况，导致程序终止，如除数为 0、数组越界、指针越界、使用已经释放的空间、栈溢出等（简写为 RTE）。这种错误称为运行时错误，因为程序要运行到导致出错的地方才会终止程序。

（8）Wrong Answer：用户程序的输出错误（简写为 WA）。

15.6 程序运行结果不正确该怎么办？

程序编译正确，运行结果不对，怎么办？通常可以采用以下方法。

（1）检查每一行代码，看是否为按照自己的思路设计的，特别是一些复制过来的代码，看是否做了相应的修改。

（2）加输出语句：在关键位置加入一些输出语句，输出一些关键变量的值，看这些变量的值是否符合预期。例如，可以在循环体中加入输出语句，观察每一次循环后相关变量的值是否符合预期。注意，提交时要把多余的输出语句注释掉或删除掉。

（3）终极武器——调试。

15.7　程序调试

在编程解题时，在以下情形可能需要调试程序。

（1）编写完解答程序后，用题目中所给的样例数据进行测试，如果程序无法正常运行（比如没有输出或运行时出错终止），或者能正常运行但输出结果不正确，这就需要调试，以检查并排除程序中的错误。

（2）用样例数据测试通过，但提交评测时，评测结果为 WA（或 RTE，甚至 TLE），如果有测试数据文件，利用测试数据文件找到导致程序 WA（或 RTE、TLE）的数据，就需要用这些数据调试程序，以检查并排除程序中的逻辑错误。

因此，程序调试的目的之一：对于一个语法正确的程序，经测试得知程序的运行结果是错误的，想一步一步运行程序，以便找出程序中的错误。注意，这里说的错误是指逻辑错误，而不是编译错误。

此外，阅读、分析、理解"高手"的解答程序，也是提高自己解题能力的一种重要途径。这时往往需要通过调试的手段观察和分析程序（或算法）的执行过程，这也是程序调试的另一个目的。

15.8　调试步骤和方法

不管什么编程语言，它们的集成开发环境（IDE）一般都提供了调试功能。这些 IDE 可能界面差别比较大，但调试步骤和方法基本是一致的，具体如下。

（1）设置断点。断点的含义是程序在每次执行到设置了断点的语句处就暂停。因此应该在哪条语句处设置断点，应视具体算法、具体要求而定。需要注意的是，如果断点前有输入语句，程序会在断点前的输入语句处就暂停，等待用户从键盘上输入数据。用户输入数据后才在断点处暂停。

（2）断点设置好以后，执行 IDE 环境中对应的菜单命令，进入调试状态。

（3）进入调试状态后，单步执行程序（即一行一行地执行程序代码），观察程序在给定输入下是否按预期步骤执行，也可在相应的窗口里观察程序执行过程中相关变量值的变化。

（4）如果执行到某条有函数调用的代码，单步执行会一次性地执行完该函数调用，有时想进入该函数内部观察程序代码是如何执行的，这时可以在函数内部增加断点，或单击相应按钮或执行相应菜单命令进入函数内部执行；也可以单击相应按钮或执行相应菜单命令从函数内部的执行返回调用该函数的代码处继续调试。

接下来，我们通过一个案例详细讲解并演示如何测试和调试程序。

15.9　案例：质数的判定（测试和调试）

本节通过一个实例演示程序的测试和调试。以下程序的功能：输入一个大于等于 2 的正整数 n，判断 n 是否为质数，如果是质数输出 yes，否则输出 no。

```
#include <iostream>
using namespace std;
int main( )
{
    int n;  cin >>n;
    int i = 0;
    for(int i=2; i*i<=n; i++){        //判断2,3,…,能否整除n
        if(n % i == 0)                //i能够整除n,结论已定,提前退出while循环
            break;
    }
    if(i*i<=n)  cout <<"no" <<endl;   //不是质数
    else  cout <<"yes" <<endl;        //是质数
    return 0;
}
```

1. 程序测试

该程序编译无误，测试时，输入 12，输出 no，这是正确的；输入 13，输出也是 no，这是错误的。因此，可以用样例数据 13 来调试程序，找出导致程序出错的原因。

2. 程序调试

程序调试的具体步骤如下。

（1）设置断点。在 Dev-C++ 中，用鼠标左键在代码行号左边单击一下，就设置好断点了。这里在第 6 行设置断点，如图 15.1 所示。在实际界面中，Dev-C++ 中断点处的代码会以红色标记。

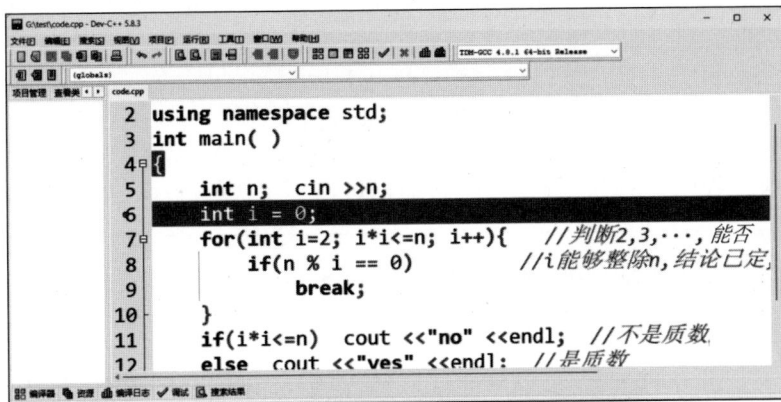

图 15.1　设置断点

（2）进入调试状态。在 Dev-C++ 中，按 F5 快捷键（或者选择"运行"|"调试"命令），就可以进入调试状态。由于断点前有输入语句，因此要先输入数据。输入 13 后，程序进入调试状态，并在断点处停下来，如图 15.2 所示。在图 15.2 中，标记的代码表示将要执行但还没执行的语句。

（3）查看变量的值。在程序单步运行过程中，我们可以通过查看一些变量值的变化来

判定程序是否按预期步骤执行。在本题中，可以查看变量 n 和 i 的值。在 Dev-C++ 中，查看变量的值的方法如下：单击"添加查看"按钮，输入要查看的变量的变量名，如图 15.3 所示。还有更快的方法，在代码中选中要查看的变量名，再单击"添加查看"按钮，这样不需要输入变量名就可添加好。

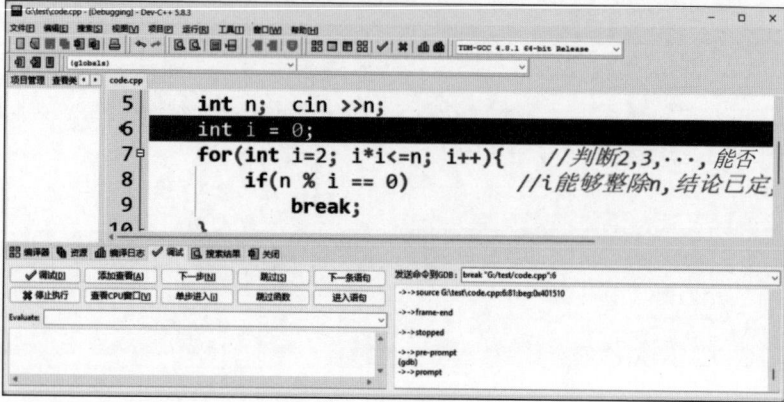

图 15.2 进入调试状态

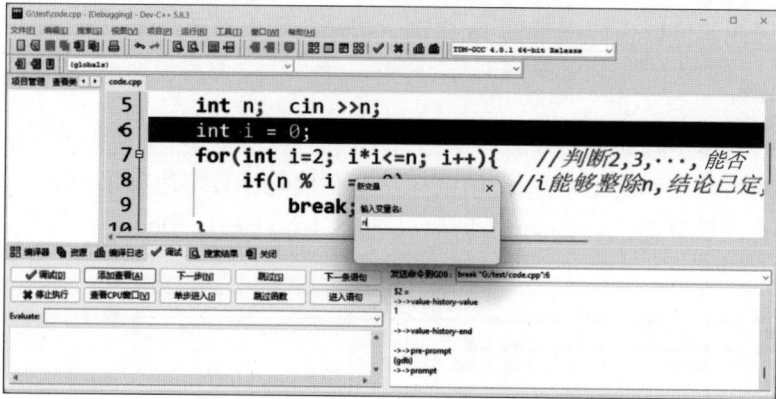

图 15.3 查看变量的值

（4）单步执行程序。单击"下一步"按钮，可以单步执行程序，如图 15.4 所示。

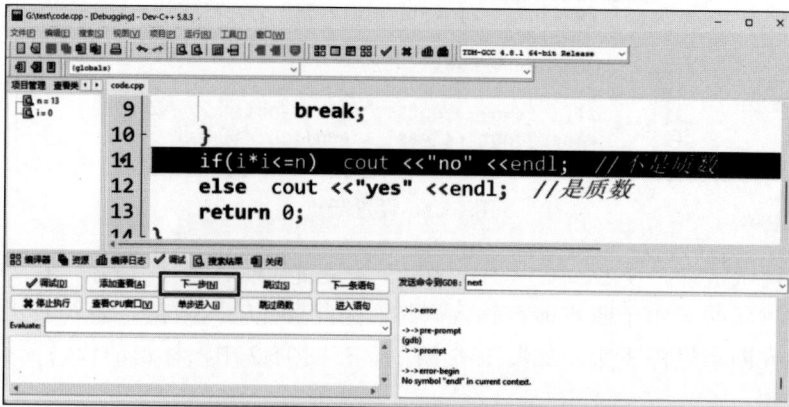

图 15.4 单步运行程序，找出逻辑错误

在执行程序过程中，可以看到变量 i 的值一直为 0。当执行到第 11 行代码时，发现 i 的值仍然为 0，正常情况下，当 n 为 13 时，退出 for 循环后，i 的值应该为 4。这时就要意识到第 11 行代码里的变量 i 不是 for 循环里定义的变量 i，第 11 行代码是要判断 for 循环结束后循环变量 i 的值是否满足 i*i<=n，很显然这里有个逻辑错误。这个程序的设计者可能习惯于在 for 循环里面定义循环变量，但程序编译有错误，提示第 11 行的变量 i 未定义；所以程序设计者在 for 循环前补充定义变量 i 并初始化为 0，没有编译错误了，殊不知却引入了一个逻辑错误：第 11 行使用的变量 i 是第 6 行定义的变量 i，与 for 循环中定义的变量 i 没有联系。

因此，纠正这个逻辑错误的方法：把 for 循环里的 int 去掉，这样就只有一个变量 i，在 for 循环里初始化变量 i 的值，并改变 i 的值；退出 for 循环后判断变量 i*i 和 n 的关系就能判断出 n 是否为质数。

15.10　计算机小知识：bug 和 debug

bug 一词的原意是"臭虫""虫子"。在计算机系统或程序中，如果隐藏着一些未被发现的缺陷或问题，人们也叫它"bug"，这是怎么回事呢？原来，第一代计算机是由许多庞大且昂贵的真空管组成，并利用大量的电力来使真空管运行。可能正是由于计算机运行产生的光和热，引得一只小虫子（bug）钻进了一支真空管内，导致整个计算机无法正常工作。研究人员花费了很长时间，才发现原因所在，把这只小虫子从真空管中取出后，计算机恢复了正常。后来，bug 这个名词就被沿用下来，用来表示计算机系统或程序中隐藏的错误、缺陷、漏洞等问题。

例如，学了关系运算符"=="后，同学们应该知道，以下 if 语句存在一个 bug。

```
if(a=1)   …   //如果a等于1……
```

注意，bug 不是指编译错误。一个程序如果存在编译错误，根本不能运行。bug 是指一个程序能运行，但在某些特定的情况下，可能会触发隐藏的错误，从而导致程序运行结果不正确，甚至根本不能运行，这种错误称为逻辑错误。

与 bug 相对应，人们将发现 bug 并加以纠正的过程叫作"debug"（中文称作"调试"）。

15.11　基础知识练习（GESP 真题）

【单选题】

1. 计算机病毒是（　　　）。
   A. 通过计算机传播的危害人体健康的一种病毒
   B. 人为制造的能够侵入计算机系统并给计算机带来故障的程序或指令集合
   C. 一种由于计算机元器件老化而产生的对生态环境有害的物质
   D. 利用计算机的海量高速运算能力而研制出来的用于疾病预防的新型病毒
2. ChatGPT 是 OpenAI 研发的聊天机器人程序，它能通过理解和学习人类的语言来进行对话，还能根据聊天的上下文进行互动，完成很多工作。请你猜猜看，下面任务中，ChatGPT 不能完成的是（　　　）。

　　A．改邮件　　　　　B．编剧本　　　　C．擦地板　　　　D．写代码

3. 某公司新推出了一款无人驾驶的小汽车，通过声控智能驾驶系统，乘客只要告诉汽车目的地，车子就能自动选择一条优化路线，告诉乘客后驶达目的地。请问下面哪项不是驾驶系统完成选路所必需的。（　　　）

　　A．麦克风　　　　　B．扬声器　　　　C．油量表　　　　D．传感器

4. 中国计算机学会（CCF）在 2024 年 1 月 27 日的颁奖典礼上颁布了王选奖，王选先生的重大贡献是（　　　）。

　　A．制造自动驾驶汽车　　　　　　　B．创立培训学校
　　C．发明汉字激光照排系统　　　　　D．成立方正公司

5. C++ 程序执行出现错误，不太常见的调试手段是（　　　）。

　　A．阅读源代码　　　　　　　　　　B．单步调试
　　C．输出执行中间结果　　　　　　　D．跟踪汇编码

6. 下面 C++ 代码拟用于计算整数 N 的位数，比如对 123 则输出"123 是 3 位整数"，但代码中可能存在 bug。下面有关描述正确的是（　　　）。

```cpp
int N, N0, rc=0;
cout << "请输入整数：";
cin >> N;
N0 = N;
while (N){
    rc++;
    N /= 10;
}

printf("%d是%d位整数\n", N, rc);  // L11
```

　　A．变量 N0 占用额外空间，可以去掉
　　B．代码对所有整数都能计算出正确位数
　　C．L11 标记的代码行简单修改后可以对正整数给出正确输出
　　D．L11 标记的代码行的输出格式有误

7. 下面的 C++ 代码用于求连续输入的若干正五位数的百位数之和。例如输入 32488 25731 41232 0，则输出 3 个正五位数的百位数之和为 13。有关描述错误的是（　　　）。

```cpp
int M, Sum=0, rc=0;
cout << "请输入正整数：";
cin >> M;
while (M){
    M = (M / 100 % 10); // L6
    Sum += M;
    rc++;
    cin >> M;
```

```
    }

    cout << rc << "个正五位数的百位数之和为 " << Sum;
```

A. 执行代码时如果输入 23221 23453 12345 11111 0，则最后一行 Sum 的值是 10

B. 执行代码时如果输入 2322 2345 1234 1111 0，程序也能运行

C. 将代码标记为 L6 那行改为 M = (M%1000/100);，同样能实现题目要求

D. 将代码标记为 L6 那行改为 M = (M%100/10);，同样能实现题目要求

8. 2024 年 10 月 8 日，诺贝尔物理学奖"意外地"颁给了两位计算机科学家约翰·J. 霍普菲尔德（John J. Hopfield）和杰弗里·E. 欣顿（Geoffrey E. Hinton）。这两位科学家的主要研究方向是（   ）。

A. 天体物理   B. 流体力学   C. 人工智能   D. 量子理论

9. 2025 年春节有两件轰动全球的事件，一个是 DeepSeek 横空出世，另一个是《哪吒之魔童闹海》（简称《哪吒 2》）票房惊人。下面关于 DeepSeek 与《哪吒 2》的描述成立的是（   ）。

A.《哪吒 2》是一款新型操作系统

B. DeepSeek 是深海钻探软件

C.《哪吒 2》可以生成新的软件

D. DeepSeek 可以根据《哪吒 2》的场景生成剧情脚本

【判断题】

1. 只要计算机不连接互联网，就不可能感染计算机病毒。   （   ）

2. 小杨今年春节回奶奶家了，奶奶家的数字电视可以通过遥控器输入电视剧名称来找到想播放的电视剧，所以可以推知里面有交互式程序在运行。   （   ）

附录 A Dev-C++ 使用指南

Dev-C++ 软件非常小，简单易用，非常适合初学者，也是很多比赛推荐用的编译器。本附录以第 6 章案例 1 为例，讲解求解一道编程题的完整过程。

1. 编写程序

启动 Dev-C++，从菜单栏中选择"文件"|"新建"|"源代码"命令，或者按快捷键 Ctrl+N，新建一个源代码文件，如图 A.1 所示。

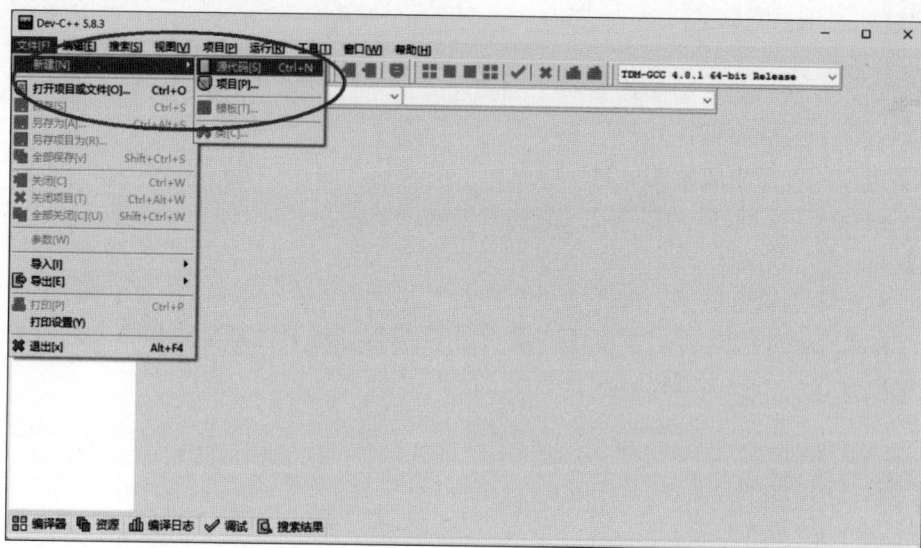

图 A.1　新建源代码文件

在图 A.2 所示的编辑器中编写解答本题的程序。

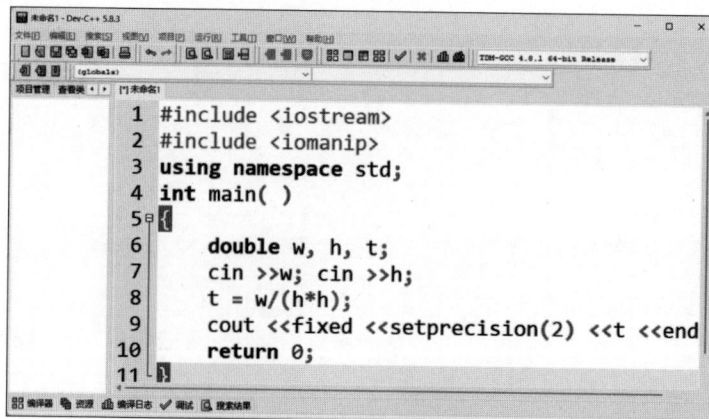

图 A.2　编写程序

2. 保存程序

同学们，学习完本课程，要编写 200 个左右的程序，编写的每个程序都非常重要，都要妥善保存，要做到一两年前写的每个程序还能找出来，一眼看过去还知道每个程序是干什么用的。这样，通过日积月累，才能逐步提高。因此，**编写的每个程序，都必须按规范保存**。

首先，要准备好文件夹。比如，可以为本课程的学习新建一个文件夹，在这个文件夹里为每一章新建一个子文件夹，把每一章的程序存放到对应的子文件夹中，如图 A.3 所示。

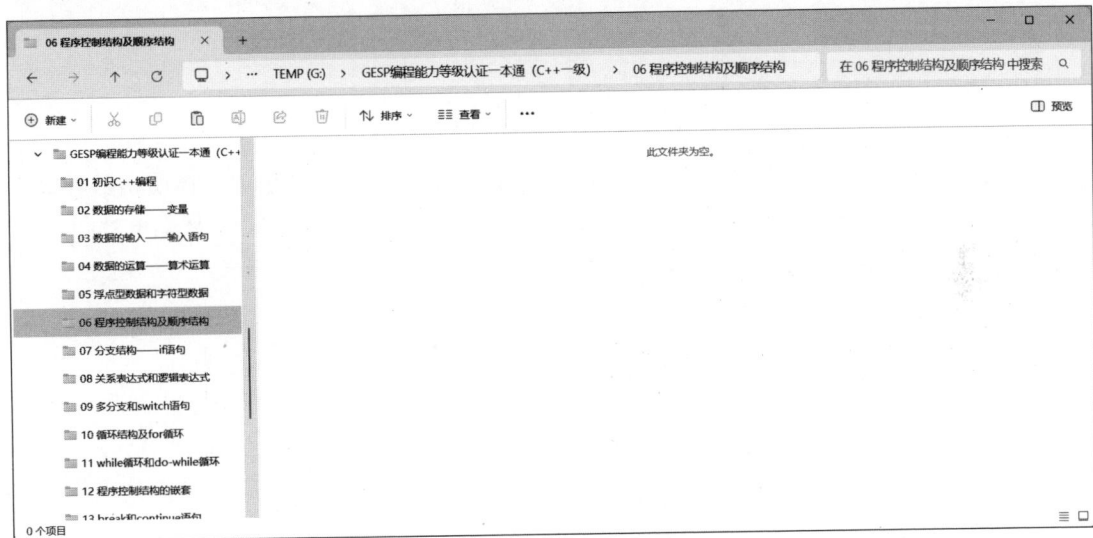

图 A.3　为每一章新建一个子文件夹

在 Dev-C++ 中，从菜单栏中选择"文件"|"保存"命令，如图 A.4 所示，或者单击工具栏上的 按钮。

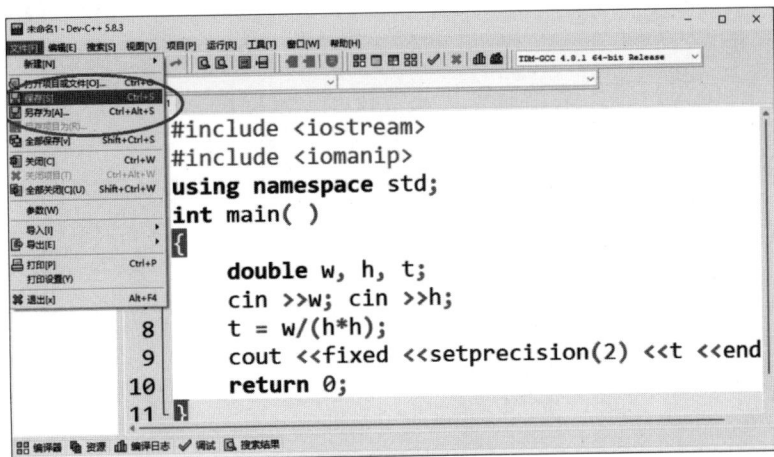

图 A.4　保存程序

在弹出的对话框中找到保存程序的子文件夹"06 程序控制结构及顺序结构"，如图 A.5 所示。

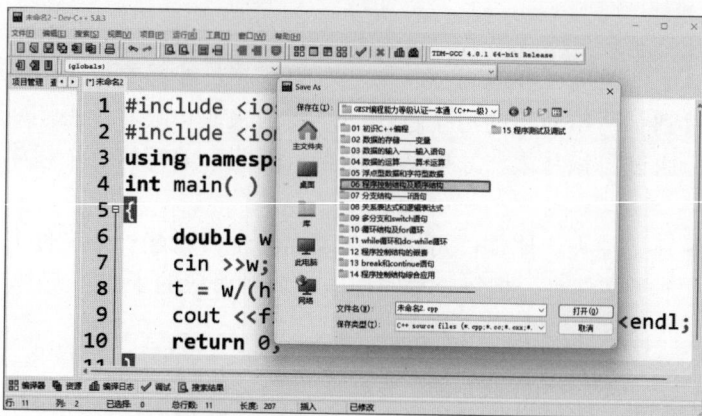

图 A.5　找到保存程序的子文件夹

在文件名编辑框里，删除默认的"未命名 1"，把文件名改为"06-01- 体质指数计算"，Dev-C++ 会自动加上源文件的扩展名".cpp"，然后单击"保存"按钮，如图 A.6 所示。

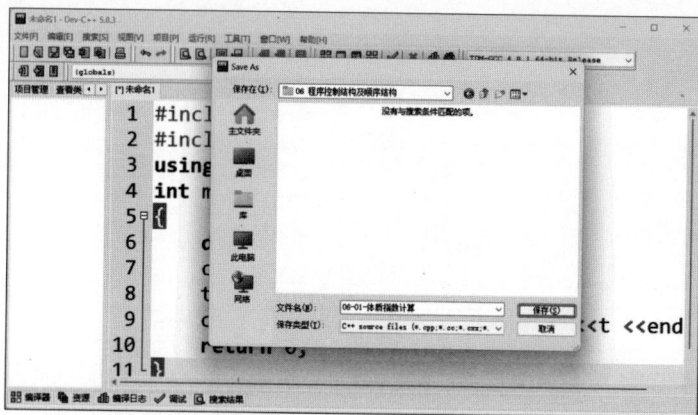

图 A.6　填写源程序文件名

3.　运行程序

执行"运行 | 编译运行"菜单命令（或者按 F11 快捷键），如图 A.7 所示。执行程序，观察程序运行结果（见图 A.8）和题目要求的是不是完全一样。

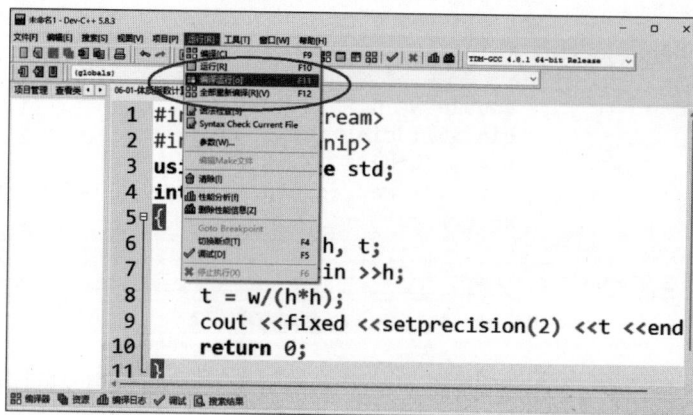

图 A.7　运行程序

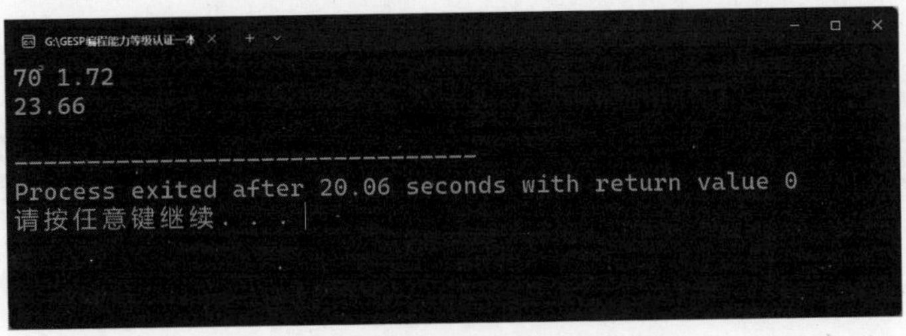

图 A.8　程序运行结果

如果程序运行结果不对，要修改程序再次运行。

注意：只要程序有改动，一定要执行"编译运行"菜单命令，或者按 F11 快捷键。如果程序没有改动，就可以执行"运行"菜单命令，或者按 F10 快捷键。

4. 提交程序

如果程序运行结果和题目要求完全一致，就可以提交代码到评测系统进行评测了。

附录 B C 语言的输入输出函数

C 语言用 scanf 函数实现输入、采用 printf 函数实现输出，而 C++ 语言兼容 C 语言，所以在 C++ 语言中也可以用这两个函数实现输入和输出。

1. printf 函数

功能：向终端（显示器）输出若干个指定类型的数据。

格式：printf("格式控制", 输出列表);。

说明：

（1）"格式控制"部分控制后面的输出列表按指定的格式在显示器屏幕上输出具体的内容，因此必不可少；

（2）输出列表可以由 0 到多个具体输出数据组成，其中的数据可以是常量、变量或表达式，也可以没有任何输出数据（这种形式就是下面的情况①）。

格式控制可分为如下 3 种情况．

① 不含有"%"的普通字符串。此时输出列表中将没有输出数据，其结果是将字符串原样输出。示例如下：

```
printf( "This is a C program!\n" );        //'\n' 也表示换行
printf( "Hello,World!\n" );
```

② 带有格式控制符的格式输出。

格式控制符由 % 和跟随在其后的字符构成，常用的有 %d、%f、%c、%s 等。格式控制符控制输出列表中数据的输出格式。**注意**，格式控制符的个数与输出数据个数应相等，且前后位置要一一对应。

格式控制符中能够使用的字符及其含义如表 B.1 所示。

表 B.1 printf 函数格式控制符所包含的字符及其说明

字符	说明
d	以带符号的十进制形式输出整数（正数不输出符号）
0	以八进制无符号形式输出整数（不输出前导符 0）
x	以十六进制无符号形式输出整数（不输出前导符 0x）
u	以无符号十进制形式输出整数
c	以字符形式输出，只输出一个字符
s	输出字符串
f	以小数形式输出单、双精度数，默认输出 6 位小数
e	以标准指数形式输出单、双精度数，小数位数为 6 位
g	选用 %f 或 %e 格式中输出宽度较短的一种格式，不输出无意义的 0

在格式控制符中，% 和后面跟随的单个字符之间又可以插入以下几种修饰符，如表 B.2 所示。

表 B.2　格式控制中的修饰符及其说明

字符	说明
l	用于长整型及 double 型数据，可加在 d、o、x、u、f、e 前面
m（正整数）	数据最小宽度
n（正整数）	对实数，表示输出几位小数；对字符串，表示要截取的字符个数
—	输出的数字或字符在域内向左靠

完整的示例程序如下：

```
#include <stdio.h>
using namespace std;
int main( )
{
    double d = 3.1415926;
    printf( "%6.2f\n", d );        //(1)
    printf( "%-6.2f\n", d );       //(2)
    long i = 1234567890;
    printf( "%d\n", i );           //(3)
    printf( "%ld\n", i );          //(4)
    printf( "%20d\n", i );         //(5)
    printf( "%2d\n", i );          //(6)
    char ch[20] = "Hello";
    printf( "%s\n", ch );          //(7)
    printf( "%20s\n", ch );        //(8)
    printf( "%-20s\n", ch );       //(9)
    return 0;
}
```

标准输出函数 printf 是在头文件 stdio.h 中声明的，因此如果程序中使用到该函数，就需要把头文件 stdio.h 包含进来。

执行上述代码，输出结果如图 B.1 所示。为了让读者更清晰地理解格式输出的效果，图 B.1 特意用表格将各行输出结果中的每个字符隔开。

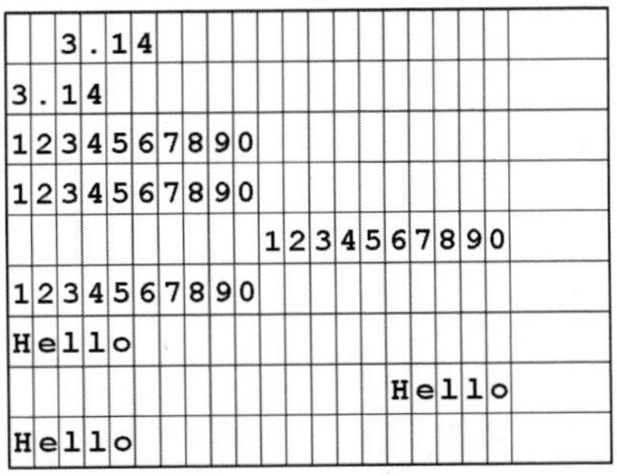

图 B.1　格式控制输出效果

程序中第 1 个 printf 函数输出浮点数 d 时，总的宽度为 6 位，其中小数为 2 位，这样前面就有两个空格，因为小数点也要占 1 个字符的宽度。

第 2 个 printf 函数输出浮点数 d 时，虽然也是 6 位，但加上了字符 "-"，输出时是左对齐的，因此后面有 2 个空格。

第 3 个 printf 函数输出整数 i 时，按照实际的宽度输出。

第 4 个 printf 函数输出整数 i 时，虽然加上字符 "l"，但在 32 位计算机中，int 和 long int 类型数据都是 4 个字节，所以按 %d 和 %ld 输出的结果是一样的。

第 5 个 printf 函数输出整数 i 时，控制输出的宽度为 20 位，因此前面有 10 个空格。

第 6 个 printf 函数输出整数 i 时，控制输出的宽度为 2 位，但实际宽度为 10 位，结果还是按照实际宽度输出。

第 7 个 printf 函数输出字符串 ch 时，没有加上宽度控制，按照实际的宽度输出。

第 8 个 printf 函数输出字符串 ch 时，控制输出的宽度为 20 位，因此后面有 15 个空格。

第 9 个 printf 函数输出字符串 ch 时，虽然也是 20 位，但加上了字符 "-"，输出时是左对齐的，因此后面有 15 个空格。

③ 普通字符串与格式控制符混合使用。

格式控制符用后面相应位置的常量、变量或表达式的值代替，其余普通字符一律原样显示。如下面的程序段：

```
printf( "2+3=%d, 2*3=%d\n", 2+3, 2*3 );
```

该输出的结果是 2+3=5, 2*3=6。其中 2+3= 和 ，2*3= 是原样输出的，而 5 和 6 是后面输出列表中求得的表达式的值。

printf 函数中的格式控制可归纳为图 B.2，其中 -、0、m、n、l 都是可以省略的。

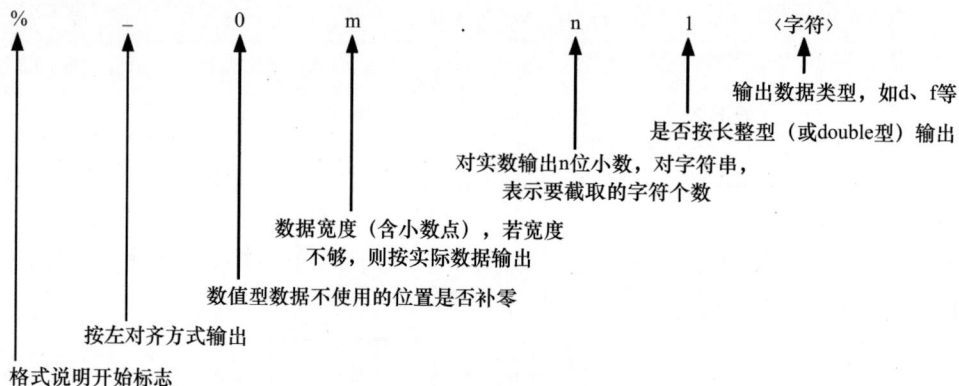

图 B.2 格式控制归纳

输出整数的示例如下：

```
printf( "%d\n",100 );
printf( "%5d\n", 100 );
printf( "%8d\n%8d", 100, 100*100 );
```

执行上述代码，输出结果如图 B.3 所示。

输出字符型数据的示例如下：

```
printf( "%4c,%c\n",'A', 'A' );
printf( "%-8s,%8.2s", "Name", "Name" );
```

执行上述代码，输出结果如图 B.4 所示。

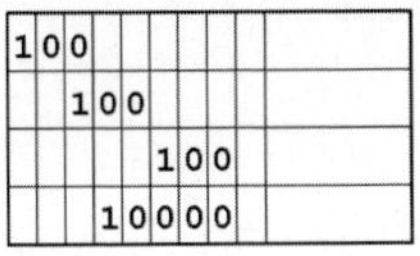

图 B.3 printf 函数输出整数

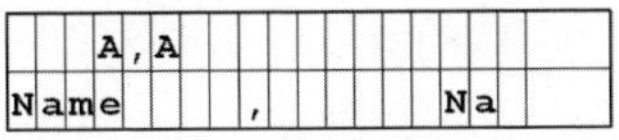

图 B.4 printf 函数输出字符型数据

2. scanf 函数

功能：等待用户从键盘上输入数据，然后按格式控制的要求对数据进行转换后存储到相应的变量中。

格式：scanf(" 格式控制 "，地址列表);。

说明：

（1）"格式控制"部分控制输入的数据按指定的格式送到相应变量的地址单元中；

（2）"地址列表"由若干个地址组成，可以是变量的地址或数组名，注意不能是普通的变量名，如下面的例子。

```
scanf("%d%d%d",&a,&b,&c)      //(√)
scanf("%d%d%d", a, b, c)              //(×)
```

其中，& 是取地址运算符。

格式控制符：以 % 开始，以一个格式字符结束。常用的格式字符有 d、f、c、s 等。各字符及其含义如表 B.3 所示。

表 B.3 scanf 函数格式控制符所包含的字符及其说明

字符	说明
d	用来输入带符号的十进制整数
o	用来输入无符号的八进制整数
x	用来输入无符号的十六进制整数
c	用来输入单个字符
s	用来输入字符串，将字符串送到一个字符数组中，在输入时以非空格字符开始，以第一个空格字符结束。字符串以串结束标志 '\0' 作为最后一个字符
f	用来输入实数，可以用小数形式或指数形式输入
e	与 f 作用相同，e 与 f 可以相互替换

以下给出一个完整的示例程序。

```
#include <stdio.h>
using namespace std;
```

```
int main( )
{
    int a, b, c;
    scanf( "%d%d%d", &a, &b, &c );
    printf( "a=%d,b=%d,c=%d\n", a, b, c );
    printf( "a+b+c=%d", a+b+c );
    return 0;
}
```

同样，标准输入函数 scanf 也是在头文件 stdio.h 中声明的，因此如果程序中使用到该函数，就需要把头文件 stdio.h 包含进来。

在输入数据时，两个数据之间以一个或多个空格、制表符或换行符分隔。因此以上程序运行时，可以采用如下的输入方式：

```
35 67 14✓      或
35 67 14✓      或
35✓
67✓
14✓
```

输入以上数据后，程序的输出如下：

```
a=35,b=67,c=14
a+b+c=116
```

对上述程序，以下几种输入方式是错误的：

```
35, 67, 14✓
a=35, b=67, c=14✓
```

在 % 和格式字符之间可插入附加的格式说明符，含义如表 B.4 所示。

注意，如果要输入数据到 double 型变量中，必须使用格式控制 "%lf"。

表 B.4　scanf 函数中附加的格式说明符及含义

字符	说明
l	用于输入长整型数据（可用 %ld、%lo、%lx）以及 double 型数据（用 %lf 或 %le）
h	用于输入短整型数据（可用 %hd、%ho、%hx）
m（正整数）	域宽，指定输入数据所占宽度（列数）
*	表示本输入项在读入后不赋给相应的变量

另外，对于 scanf 函数中除格式控制外的字符，在输入时，必须原样输入，否则程序无法正确读入数据。示例如下：

```
scanf( "i=%d", &i );
scanf( "%d, %d, %d", &a, &b, &c );
```

对第 1 个 scanf 函数，正确的输入为 i=30。仅仅输入 30，是不能将 30 读入变量 i 的。

对第 2 个 scanf 函数，正确的输入为 35，67，14。

注意，在 scanf 函数中不能企图用格式控制来规定输入数据的精度。示例如下：

```
scanf( "%7.2f", &a )          //(×)
scanf( "%f", &a )             //(√)
```

附录 C 运算符的优先级和结合性

优先级和**结合性**是运算符的两个重要的特性。在求解表达式时，先按运算符的优先级从高到低的次序执行。如果一个操作数两侧的运算符的优先级相同，则按结合性中规定的"结合方向"进行运算。

例如，在表达式 a + b * c 中，先执行乘法运算 b * c，再执行加法，把 a 的值与乘法运算的结果加起来。这是因为操作数 b 的左右两侧的运算符分别是加法运算符 "+" 和乘法运算符 "*"，而乘法运算符 "*" 的优先级高于加法运算符 "+"。

又如，表达式 a = b = 5 等效于 a = (b = 5)，即先执行 b = 5 的赋值表达式，然后把该表达式的值（就是变量 b 的值）赋给变量 a。这是因为操作数 b 的左右两侧都是赋值运算符 "="，而赋值运算符 "=" 的结合性是右结合性，所以先执行右边的赋值运算。

表 C.1 列出了常用运算符的优先级和结合性。

表 C.1 常用运算符的优先级和结合性

优先级	运算符	含义	结合性
高	( ) [ ]	括号、函数调用 下标运算符	自左向右
	++ -- ~ ! + - & * (Type) sizeof() new delete	自增运算符 自减运算符 按位取反运算符 逻辑非运算符 正号 负号 取地址运算符 指针运算符 强制类型转换运算符 类型长度运算符 内存分配运算符 内存释放运算符	自右向左
	* / %	乘法运算符 除法运算符 求余运算符	自左向右
	+ -	加法运算符 减法运算符	自左向右
	<< >>	按位左移运算符 按位右移运算符	自左向右
	<、<=、>、>=	关系运算符	自左向右
	== !=	等于关系运算符 不等于关系运算符	自左向右
低	&	按位与运算符	自左向右

续表

优先级	运算符	含义	结合性
高	^	按位异或运算符	自左向右
	|	按位或运算符	自左向右
	&&	逻辑与运算符	自左向右
	||	逻辑或运算符	自左向右
	? :	条件运算符	自右向左
	=	赋值运算符	自右向左
	+=、-=、*=、/=、%=	复合的赋值运算符	自右向左
低	,	逗号运算符	自左向右

注意事项如下。

（1）优先级和结合性不需要死记硬背，用得多了自然就记住了。

（2）在一些表达式里，即便是优先级相同的运算符，为了增强程序的可读性，也会人为地加上圆括号。例如，先除以 10 再对 10 取余，可以写作 n/10%10，但写成 (n/10)%10 更好懂，尽管 / 和 % 的优先级相同。

（3）常用的运算符中，大部分都是左结合性。右结合性运算符，典型的是赋值运算符。

附录 D   本书配套资源使用指南

本书配套资源包括编程习题库、课件、课程视频等。这些资源都已经部署在小虫在线评测系统（OJ，Online Judge）上。读者注册账号并登录后，就可以观看每个知识点、每道题目的讲解视频，也可以编程求解每道编程习题，并提交评测。小虫 OJ 会自动评测代码并反馈评测结果。

本书配套的编程习题库包含了 200 余道编程题，限于篇幅，本书每章只收录了课堂案例和课堂练习。为了帮助初学者较好地掌握本书内容，我们针对每一章都设计了一些预习题和入门题，也安排了一些课后习题。

表 D.1 列出了每章的编程习题，其中题目标题中带有字母 A 的为预习题，带有字母 B 的为入门题，带有字母 C 的为课堂案例和课堂练习，带有字母 D 的为课后习题。

表 D.1   每章的编程习题

各章	预习题和入门题	各章	预习题和入门题
第 1 章	C01-Hello World! C02- 输出大小写字母、计算数学式子 C03- 输出由加号组成的菱形 C04- 求两门课程成绩总分（1） C05- 还剩多少钱（1） C06- 输出星号长方形 D01- 倒着输出大写字母、小写字母 D02- 练习输出西文符号 D03- 求 4 个班人数之和 D04- 求小 A 的年龄 D05- 输出空心星号长方形 D06- 输出字母三角形	第 2 章	C01- 求两门课程成绩总分（2） C02- 求数学成绩（1） C03- 求两年后的年龄 C04- 净胜球（1） C05- 求女生人数 C06- 求身高 D01- 有几本新书 D02- 求总价——买酸奶 D03- 求单价——买酸奶 D04- 还剩多少钱 D05- 求路程 D06- 求速度
第 3 章	A01- 求 a+b（1） A02- 求总价——买笔（1） B01- 求 a+b（2） B02- 求总价——买笔（2） C01- 求两门课程成绩总分（3） C02- 求数学成绩（2） C03- 交换两个变量的值 C04- 净胜球（2） C05- 有多少同学不上延时课 C06- 还剩多少钱（2） D01- 求 n 年后的身高 D02- 求四个班的总人数 D03- 哥哥和妹妹 D04- 奥运会奖牌 D05- 买书皮（1） D06- 正数和倒数 D07- 直角三角形另一个角的度数	第 4 章	A01- 足球比赛比分 A02- 切饼（2） B01- 买铅笔 B02- 卖纸板 C01- 小杨买书 C02- 休息时间 C03- 小杨的考试 C04- 小杨购物 C05- 时间规划 C06-1~n 有多少个 3 的倍数（除法） D01- 公交车票（1） D02- 找零 D03- 两个 int 型数据的乘法 D04- 互换两位数字 D05- 求一个四位数的数字之和 D06- 三位数正序和倒序之和

各章	预习题和入门题	各章	预习题和入门题
第 5 章	A01-5 种算术运算 A02- 分糖果 B01- 公交车票（2） B02- 求 5 个同学的平均分 C01- 求圆的周长和面积 C02-3 件八五折 C03- 字符菱形 C04- 求阴影部分面积 C05- 小写字母变大写字母 C06- 输出后面第 4 个字母 D01- 求 4 个评委的平均分 D02- 买酸奶（单价是小数） D03- 求直角三角形的面积 D04- 输出字符的 ASCII 编码值 D05- 输出字符三角形 D06- 输出空心字符三角形	第 6 章	A01- 速度单位换算（1） A02- 速度单位换算（2） B01- 时间换算（时分秒换算成秒数） B02- 时间换算（秒数换算成时分秒） C01- 体质指数计算 C02- 摄氏温度转华氏温度 C03- 分苹果（1） C04- 顺流而下和逆流而上 C05- 角度和弧度的转换 C06- 预测孩子身高 D01- 买铅笔（1）——正归一 D02- 买铅笔（2）——反归一 D03- 读书问题（1）——正归一 D04- 读书问题（2）——反归一 D05- 分苹果（2） D06- 比赛成绩
第 7 章	A01- 已知圆的周长求圆的面积 A02- 星期几（1） B01- 星期几（2） B02- 判断两个数的大小 C01- 求 4 个分数的最高分 C02- 计算邮资 C03- 买文具 C04- 当天的第几秒 C05- 水仙花数 C06- 温度转换 D01- 进位 D02- 判断总分是否合格 D03- 输出 2 个数中较大的数 D04- 正方形和长方形周长是否相等 D05- 两门课程的分数是否相同 D06- 运输电动自行车 D07- 买书皮（2） D08- 切饼（1） D09- 分苹果（2）	第 8 章	A01- 及格还是不及格 A02- 判断谁更高 B01- 既是 4 的倍数又是 6 的倍数 B02- 体育课 C01- 大月还是小月 C02- 闰年的判断 C03- 大小写字母转换 C04- 工作日还是周末 C05- 平年的判断 C06- 图书馆里的老鼠 D01- 生肖相同 D02- 周长或面积 D03- 角度和弧度的转换（2） D04- 三角形的判定 D05- 四边形的判定 D06- 公倍数
第 9 章	A01- 判定是否超速（1） A02- 一个数等于另外两个数的和 B01- 一周七天的英文单词（1） B02- 一周七天的英文单词（2） C01-VIP 顾客等级（1） C02- 每月天数 C03-VIP 顾客等级（2） C04- 闰年的判断（多分支实现） C05- 判断是几位数 C06- 简单的计算器 D01- 买玩具 D02- 判定是否超速（2） D03- 百分制成绩转五分制成绩 D04- 公交换乘 D05- 奥运奖牌榜 D06- 五分制对应的百分制成绩范围	第 10 章	A01- 求 a 的 5 次方 A02- 求 $1+2+3+\cdots+n$（不用循环） B01- 输出一行 n 个星号 B02- 输出 n 行星号 C01- 求 a 的 n 次方（for 循环） C02- 求 $1+2+3+\cdots+(2n-1)$（for 循环） C03- 累计相加 C04- 四舍五入 C05- 输出等差数列 C06- 输出等比数列 D01- 求 $1+2+3+\cdots+n$（for 循环） D02- 攒钱 D03- 求最小的 n 位数 D04- 求最大的 n 位数 D05- 求总分 D06- 求 n 个学生的平均分

续表

各章	预习题和入门题	各章	预习题和入门题
第 11 章	A01- 等差数列求和（for 循环） A02- 等比数列求和（for 循环） B01- 等差数列求和（while 循环） B02- 等比数列求和（while 循环） C01- 求 a 的 n 次方（while 循环） C02- 求 1+2+3+…+(2n−1)（while 循环） C03- 求一个整数的位数 C04- 折纸 C05- 折半 C06- 求一个整数的各位和 D01- 求 1+2+3+…+n（while 循环） D02- 攒钱买玩具 D03- 淘汰游戏 D04- 求补数 D05- 前 n 项和超过 m D06- 重复两遍的数	第 12 章	A01- 统计车流量（1） A02- 求一个整数各位数字乘积 B01- 统计车流量（2） B02- 求一个整数各位非零数字乘积 C01- 闰年统计 C02- 奇数和偶数 C03- 小明的幸运数 C04- 闰年求和 C05- 求奇数的和 C06- 求各位数字的最大值 D01- 求 n 个分数的最高分 D02- 多边形的判定（找最长边） D03- 统计优秀成绩的个数 D04- 统计各类分数的个数 D05- 吃苹果 D06- 吉利数
第 13 章	A01- 完数 A02- 求整数非零数字的个数 B01- 输出第一个 100 分前面所有分数 B02- 跳过所有的 100 分 C01- 质数的判定（break 语句） C02- 小杨报数（continue 语句） C03- 求一组正整数的和（以 −1 表示输入结束） C04- 第一个 100 分 C05- 最小质因数 C06- 求偶数的和 D01- 最大质因数 D02- 统计闰年的个数（continue 语句） D03- 统计三角形的个数（continue 语句） D04- 猴子摘苹果（continue 语句） D05- 求多个分数的最高分（以 −1 表示输入结束） D06- 筛选法求质数（continue 语句）	第 14 章	A01- 统计字母字符个数 A02- 统计大写和小写字母字符个数 B01- 第一个大写字母 B02- 最后一个大写字母 C01- 找因数 C02- 长方形面积 C03- 美丽数字 C04- 立方数 C05- 角谷猜想 C06- 回文数的判定 D01- 求逆序数 D02- 统计正因数的个数 D03- 超速次数 D04-n 个圆片组成的两位数 D05- 统计正因数个数判定质数 D06- 统计正因数个数判定平方数
第 15 章	A01- 统计奇数的个数 A02- 统计平方数的个数 B01-n 天后是星期几 B02-n 天前是星期几 C01- 质数的判定（测试和调试）		

附录 E　基础知识练习答案

第 1 章　初识 C++ 编程

【单选题】

题号	1	2	3	4	5	6	7	8	9	10	11	12			
答案	B	A	B	A	A	A	B	C	C	B	C	D			

【判断题】

题号	1	2	3	4	5	6	7	8	9	10	11	12	13	14
答案	×	√	×	×	√	√	×	√	√	√	√	×	√	√

第 2 章　数据的存储——变量

【单选题】

题号	1	2	3	4	5	6	7	8	9	10	11	12	13	14	15
答案	D	D	C	D	D	A	C	B	D	A	C	D	C	A	A

题号	16	17	18												
答案	A	A	D												

【判断题】

题号	1	2	3	4	5	6	7	8	9	10	11	12	13
答案	√	×	√	×	×	×	√	√	×	×	√	√	×

第 3 章　数据的输入——输入语句

【单选题】

题号	1	2	3	4	5	6	7	8	9						
答案	B	D	D	B	B	B	D	B	D						

【判断题】

题号	1	2	3	4	5	6							
答案	×	√	×	√	×	×							

第 4 章   数据的运算——算术运算

【单选题】

题号	1	2	3	4	5	6	7	8	9	10	11	12	13	14	15
答案	C	A	C	D	A	D	C	D	D	C	C	B	C	B	B
题号	16	17	18	19	20	21	22	23	24	25	26	27	28	29	30
答案	B	D	D	B	C	B	B	C	D	B	D	D	D	D	D

【判断题】

题号	1	2	3	4	5	6	7						
答案	√	√	√	×	×	√	×						

第 5 章   浮点型数据和字符型数据

【单选题】

题号	1	2	3	4	5	6	7	8	9	10	11	12		
答案	A	B	D	A	A	D	D	D	C	D	D	C		

【判断题】

题号	1	2	3	4	5	6	7	8	9	10	11	12	13	14	15
答案	×	×	×	×	√	√	×	√	×	×	×	√	×	×	×

第 6 章   程序控制结构及顺序结构

【单选题】

题号	1	2											
答案	A	C											

【判断题】

题号	1	2	3										
答案	×	√	√										

第 7 章　分支结构——if 语句

【单选题】

题号	1	2	3	4	5	6	7								
答案	C	D	B	A	C	B	C								

【判断题】

题号	1	2	3	4	5	6	7	8							
答案	×	√	×	×	√	×	×	×							

第 8 章　关系表达式和逻辑表达式

【单选题】

题号	1	2	3	4	5	6	7	8	9	10	11	12	13	14	15
答案	C	C	D	A	B	A	A	B	B	B	D	A	B	D	B
题号	16														
答案	C														

【判断题】

题号	1	2	3	4	5	6	7	8	9						
答案	√	×	√	×	×	×	√	×	×						

第 9 章　多分支和 switch 语句

【单选题】

题号	1	2	3	4											
答案	A	C	A	A											

【判断题】

题号	1														
答案	√															

第 10 章　循环结构及 for 循环

【单选题】

题号	1	2	3	4	5	6	7	8	9	10	11	12	13	14	15
答案	C	B	B	C	B	D	A	B	C	D	B	C	C	C	B
题号	16	17	18	19	20	21									
答案	C	D	C	C	C	A									

【判断题】

题号	1	2	3	4	5	6	7	8	9	10	11			
答案	×	√	×	√	×	×	×	×	×	×	×			

第 11 章　while 循环和 do-while 循环

【单选题】

题号	1	2	3											
答案	D	B	C											

【判断题】

题号	1	2	3	4	5	6	7	8						
答案	×	×	√	√	×	√	×	√						

第 12 章　程序控制结构的嵌套

【单选题】

题号	1	2	3	4	5	6								
答案	A	C	B	D	D	B								

第 13 章　break 和 continue 语句

【单选题】

题号	1	2	3	4	5	6	7	8	9	10				
答案	A	C	D	B	B	C	D	C	A	C				

【判断题】

题号	1	2	3	4	5	6	7	8	9	10	11			
答案	×	√	×	√	√	×	×	×	×	√	×			

第 14 章　程序控制结构综合应用

【单选题】

题号	1	2	3	4	5									
答案	D	C	D	B	D									

第 15 章　程序编译、测试及调试

【单选题】

题号	1	2	3	4	5	6	7	8	9						
答案	B	C	C	C	D	C	D	C	D						

【判断题】

题号	1	2												
答案	×	√												

参考文献

[1] 潘洪波. 小学生C++趣味编程[M]. 北京：清华大学出版社, 2017.

[2] 左凤鸣. C++少儿编程轻松学[M]. 北京：人民邮电出版社, 2020.

[3] 洛谷学术组, 汪楚奇. 深入浅出程序设计竞赛（基础篇）[M]. 北京：高等教育出版社, 2020.

[4] 中国计算机学会. CCF中学生计算机程序设计（入门篇）[M]. 北京：科学出版社, 2016.

[5] 刘汝佳. 算法竞赛入门经典[M]. 2版. 北京：清华大学出版社, 2014.

[6] 快学习教育. 零基础轻松学C++：青少年趣味编程[M]. 北京：机械工业出版社, 2020.

[7] 董永建. 信息学奥赛一本通（C++版）[M]. 南京：南京大学出版社, 2020.

[8] 王桂平, 周祖松, 穆云波, 等. C++趣味编程及算法入门[M]. 北京：北京大学出版社, 2024.

[9] 王桂平, 刘君, 李韧. 程序设计方法及算法导引[M]. 北京：北京大学出版社, 2020.

[10] 王桂平, 杨建喜, 李韧. 图论算法理论、实现及应用[M]. 2版. 北京：北京大学出版社, 2022.